Harro Zimmer

DAS -PROTOKOLL

Erfolge und Niederlagen

KOSMOS

Mit 49 zum Teil farbigen Abbildungen
© NASA/Archiv Harro Zimmer

Umschlaggestaltung: Atelier Reichert, Stuttgart, unter Verwendung zweier Abbildungen der NASA

Die Deutsche Bibliothek – CIP-Einheitsaufnahme

Zimmer, Harro:
Das NASA-Protokoll : Erfolge und Niederlagen / Harro Zimmer. – Stuttgart : Kosmos, 1997
  (Kosmos-Report)
  ISBN 3-440-07227-4

Der Autor:

Harro Zimmer, Jahrgang 1935, war nach einem Chemie-Studium an der TU Berlin 1964 NATO-Stipendiat für Astronomie in Athen und 1966 NASA-Stipendiat für Weltraumwissenschaften an der Universität Miami, Florida (USA); von 1973 bis 1986 Vorsitzender der Wilhelm-Foerster-Sternwarte Berlin. Seit 1976 arbeitete er als verantwortlicher Rundfunk- und Fernsehredakteur – u. a. für das Ressort Technik – beim RIAS Berlin und der Deutschen Welle. In der Reihe Kosmos Report erschien 1996 seine Dokumentation über die russische Raumfahrt „Der rote Orbit", und in der gleichen Reihe ist er Herausgeber des Jahresberichts „Weltraum aktuell".

© 1997, Franckh-Kosmos Verlags-GmbH & Co., Stuttgart
Alle Rechte vorbehalten
ISBN 3-440-07227-4
Printed in Germany/Imprimé en Allemagne
Lektorat: Harro Schweizer
Redaktionelle Mitarbeit: Susann Pantel
Herstellung: Siegfried Fischer/Layout: Dagmar Sikler
Satz und Repro: Typomedia Satztechnik GmbH, Ostfildern
Druck und Bindung: Westermann Druck Zwickau GmbH, Zwickau

Inhalt

Einleitung

Am 1. Oktober 1998 feiert die amerikanische Weltraumbehörde NASA – *National Aeronautics and Space Administration* – ihren 40. Geburtstag. Ihr Name ist bereits ein stehender Begriff und Synonym für den Aufbruch in den Weltraum. Kaum eine andere Institution hat so nachhaltig Wissenschaft und Technik beeinflußt und verändert wie die NASA, eine Behörde, finanziert vom amerikanischen Steuerzahler.

Von Anfang an hat die Weltraumbehörde ihre Aktivitäten ausführlich dokumentiert, sachlich für den Fachmann oder auf Hochglanz für die breite Öffentlichkeit. Ihre historische Abteilung beschäftigt sich intensiv mit der Aufarbeitung der eigenen Geschichte. Raumfahrt: Das war zunächst eine militärische Domäne. Die von Präsident Eisenhower ins Leben gerufene zivile NASA mußte sich mühevoll aus dieser Verflechtung lösen. Ganz ist es ihr nie gelungen.

Wenn hier ein Buch über die NASA vorgelegt wird, kann es kein kompletter geschichtlicher Abriß sein. Der Blick soll vielmehr auf die frühen Jahre gelenkt werden, die schließlich einen ersten Höhepunkt mit der bemannten Mondlandung brachten. In der Öffentlichkeit ist noch vielfach der Eindruck verbreitet, daß die Vereinigten Staaten bis zur Übernahme der deutschen Experten und der *V2*-Technologie hinsichtlich Raketentechnik und Raumfahrt ein Niemandsland waren. Hier soll versucht werden, diesen Irrtum etwas zu korrigieren. Sicher: Die UdSSR hat zuerst eine größere Rakete und den ersten Satelliten gestartet. Das waren Spitzenleistungen, allerdings auf einer schmalen Basis. In den USA war dieses Fundament sehr viel breiter und differenzierter. Warum dennoch den Amerikanern der Anfangserfolg versagt blieb, ist hier zu untersuchen.

Der Autor hatte das Glück, viele der Beteiligten persönlich kennenzulernen und bei manchen historischen Ereignissen dabeigewesen zu sein. Das Innenleben der NASA konnte er als wissenschaftlicher Mitarbeiter an verschiedenen Projekten und als Raumfahrtkorrespondent intensiv studieren. Man möge ihm die eine oder andere subjektive Einschätzung nachsehen und verzeihen, daß das erste A in NASA, die Aeronautik, nur am Rande erwähnt wird.

Erste Gedanken zur Raketentechnik

Der Mann aus Worcester

Für viele Leser der *New York Times* mutete es wie ein verspäteter Silversterscherz an, was sie in der Ausgabe vom 12. Januar 1920 auf der Seite 1 lesen konnten: „Eine Rakete kann den Mond erreichen". Anlaß für diese spektakuläre Schlagzeile war eine Veröffentlichung der *Smithsonian Institution* in Washington mit dem Titel „Ein Verfahren zur Erreichung extremer Höhen". Auf 96 Seiten beschrieb ein Professor der Clark-Universität in Worcester (US-Bundesstaat Massachusetts) die Möglichkeit der Nutzung von Raketen zur Erforschung der oberen Atmosphäre. Es war keine Arbeit voller hochfliegender Ideen, sondern eine nüchterne ingenieurwissenschaftliche Studie mit grundlegenden Gedanken zur Raketentechnik.

Nur eine Randbemerkung

In der Veröffentlichung der *Smithsonian Institution* erwähnt Robert Hutchings Goddard die Möglichkeit, mit einer Mehrstufenrakete den Mond zu erreichen:
„Bei meinen Versuchen verwendete ich im allgemeinen ein Pulver mit einem Energiegehalt von 1238,5 Kilokalorien je Kilogramm. Bei seiner Verwendung wäre es möglich, einen Apparat von der Nutzlast 1 kg und dem Treibstoff- und Totlastgewicht von 599 kg auf den Mond zu schießen. Das Auftreffen – natürlich bei Neumond – könnte dadurch angezeigt werden, daß die Nutzlast aus einem leicht entzündbaren Leuchtsatz bestünde, zum Beispiel Magnesium. Der beim Aufschlag entstehende Lichtblitz könnte von der Erde aus mittels guter Fernrohre beobachtet werden und so Kunde von der glücklichen Ankunft auf dem Erdtrabanten geben."

Robert Hutchings Goddard, Amerikas Raketenpionier

Es spricht für die Findigkeit der Redakteure der *New York Times*, daß sie gleich auf die Passage eines möglichen Fluges zum Mond gestoßen waren, denn die Arbeit war noch druckfrisch. Zwar trägt die inzwischen historische Untersuchung das Jahresdatum 1919, sie erschien jedoch erst am 11. Januar 1920. Ihr Verfasser war der breiten Öffentlichkeit so gut wie unbekannt. Auch in der wissenschaftlichen Szene vermochte man mit dem Namen Robert Hutchings Goddard kaum etwas anzufangen.

Offensichtlich klingelten in der Chefetage der angesehensten amerikanischen Tageszeitung sogleich die Telefone, denn einen Tag später erschien auf der Seite 2 unter den Leitartikeln eine herbe kritische Betrachtung zur Möglichkeit des Mondfluges. Ihr Verfasser hatte aber wohl nur den Aufsatz im eigenen Blatt und nicht die Originalarbeit gelesen. Am 19. Januar 1920 kam Goddard in der Zeitung schließlich selbst zu Wort, indem er darauf hinwies, daß das Thema „Mondflug" nur eine Randbemerkung in seiner Arbeit war, in der es schließlich um den wissenschaftlichen Einsatz von Raketen für sehr praktische Forschungsbelange ginge.

Eine unauffällige Karriere

Raketen waren nach der Jahrhundertwende kleine Pulveraggregate, die zum Beispiel für militärische Zwecke interessant waren. Nur wenige Fachleute rund um den Erdball befaßten sich mit der Physik und Ingenieurtechnik, die dahinter standen und die letztlich die Grundlage für die Entwicklung leistungsfähigerer Raketen bildeten.

Es wurde wieder still um den Physikprofessor, der in jener Stadt lehrte, in der er am 5. Oktober 1892 geboren wurde. Goddards akademische Karriere war unauffällig, aber immerhin führte sie ihn in die physikalische Forschung an der Universität von Princeton (New Jersey), wo er um 1912 erstmals mit Raketen in Berührung kam. Der Mittelpunkt seines wissenschaftlichen Lebens wurde jedoch die alte Heimat Worcester. Die Clark-Universität, damals keine große, aber solide Institution, berief ihn als Professor und Direktor der physikalischen Laboratorien.

Goddard entdeckte bei seinen Untersuchungen, unabhängig von Konstantin Ziolkowski und Hermann Oberth, das Stufenprinzip des Raketenantriebs. Bereits am 7. Juli 1914 erhielt er ein Patent für ein Raketensystem, das einer zweistufigen Pulverrakete entspricht.

Als die Vereinigten Staaten 1917 in den Ersten Weltkrieg eintraten, wurde Goddard gebeten, für das *US Signal Corps* Raketen zu entwickeln, darunter eine feststoffgetriebene Schulterrakete, gewissermaßen ein Vorläufer der *Bazooka*, die im Zweiten Weltkrieg zum

Einsatz kam. Für diese Arbeiten wurde er nach Pasadena (Kalifornien) beordert, wo heute das *Jet Propulsion Laboratory* (JPL) der NASA beheimatet ist. Einige der Goddardschen Entwicklungen wurden zwar getestet, kamen aber, da der Erste Weltkrieg zu Ende war, nicht mehr zum praktischen Einsatz. Daneben aber ließ ihn die Grundlagenforschung nicht los: 1918 war es schließlich soweit, daß er eine optimale Form für die Verbrennungsdüse der Feststoffrakete gefunden hatte. Es spricht für die Weitsicht der *Smithsonian Institution*, die die Arbeiten Goddards seit 1916 finanziell unterstützt, eines Wissenschaftlers, der völlig unspektakulär und zurückgezogen arbeitet, dabei extrem sparsam experimentiert und fast genötigt werden muß, gelegentlich einige Ergebnisse zu veröffentlichen.

Goddard erkennt sehr schnell, daß die Zukunft den energiereicheren Flüssigkeitsantrieben gehört, und untersucht verschiedene Treibstoffkombinationen. Am 1. November 1923 arbeitet der erste Raketenmotor auf dem Prüfstand. Alle Ergebnisse werden sorgfältig von seiner Sekretärin Esther Christine Kisk protokolliert, die er im November 1924 heiratet.

Was passiert in Worcester?

Goddards Förderer werden leicht unruhig. Der schweigsame Physiker hat inzwischen entscheidende Fortschritte gemacht. Aluminium und eine Magnesiumlegierung haben die schweren Werkstoffe Stahl und Bronze abgelöst. Am 16. März 1926 ist es dann soweit: Auf der Farm seiner Tante Effie in Auburn startet Goddard die erste Flüssigkeitsrakete der Welt, 3 m lang und 5 kg schwer. Nur 2,5 Sekunden dauert der Flug, in dem das Aggregat etwa 12 m emporsteigt und in 56 m Entfernung „landet". Goddard schätzt die erreichte Geschwindigkeit auf 96 km/h. Nur vier Personen sind Zeugen dieses Ereignisses. Goddard selbst, seine Frau, der Mechaniker Henry Sachs, der die Rakete mit einer Fackel zündet, und Percy Roope, ein Assistent, dessen Aufgabe es ist, die erreichte Entfernung mit Hilfe eines Theodoliten zu messen.

Bei *Smithsonian* in Washington hört man mit Interesse von dem erfolgreichen Start, ist aber weniger von der Bitte Goddards begeistert, nichts über den Versuch in der Öffentlichkeit verlauten zu lassen. Immerhin respektiert man den Wunsch des Professors, und so vergehen fast genau zehn Jahre, bis am 16. März 1936 die Welt in seiner zweiten und letzten *Smithsonian*-Veröffentlichung „Die Entwicklung von Flüssigkeitsraketen" von dem historischen Unternehmen erfährt.

Die erste Rakete?

Für weitere Raketenversuche ist die Gegend um Auburn von den klimatischen Bedingungen her kaum geeignet. Auch die Öffentlichkeit ist nicht erwünscht. Mittel der *Guggenheim*- und der *Carnegie*-Stiftung ermöglichen es Goddard, mit einem kleinen Team nach Rosswell (New Mexico) umzusiedeln. Die Region fernab der großen Städte war dünn besiedelt und klimatisch optimal. Hier kann er das ganze Jahr über Raketen starten. Nur etwa 100 km entfernt sollte später eines der bedeutendsten Raketen-Testgelände auf diesem Planeten entstehen, die *White Sands Proving Grounds*. Am 30. Dezember 1930 startet in Rosswell die erste leistungsfähigere Rakete. Sie erreicht 600 m Höhe und eine Höchstgeschwindigkeit von 800 km/h. Grundlegende Verbesserungen folgen. Am 19. April 1932 hebt die erste durch einen Kreisel und Flossen im Verbrennungsstrahl stabilisierte Rakete ab.

Die Freude über den Durchbruch war jedoch zunächst nur von kurzer Dauer. Wegen der amerikanischen Wirtschaftskrise versiegten auch die Stiftungsgelder. Goddard ging Ende 1932 wieder nach Worcester zurück und hielt dort Vorlesungen. 1934 überwies die *Guggenheim*-Stiftung, die seit langem zu seinen Förderern gehört, wieder Geld, nicht zuletzt aufgrund der unermüdlichen Fürsprache von Charles Lindbergh. Bis 1941 startete das Goddard-Team in Rosswell 31 Raketen, die erfolgreichste stieg am 8. März 1935 knapp 2300 m hoch, wobei sie es auf eine Geschwindigkeit von 1100 km/h brachte.

Innovationen

Eindrucksvoller sind Goddards Neuerungen in der Raketentechnik. Sie reichen von Steuerungssystemen bis hin zu vielfältigen Aspekten der Triebwerkstechnologie. Sie weisen ihn als begnadeten Ingenieur aus, dessen Interessen sich primär auf das „System" Rakete konzentrierten. Große geistige Höhenflüge wie Hermann Oberth oder Konstantin Ziolkowski mit ihren Visionen von Raumstationen und interplanetaren Missionen waren seine Sache nicht.

1941 bot Goddard der *US Navy* seine Hilfe bei der Entwicklung von raketengetriebenen Starthilfen für Kampfflugzeuge an, eine Aufgabe, bei der es nach anfänglichen Fortschritten auch unübersehbare Mißerfolge gab. Immerhin führte aber diese Arbeit unter anderem zur Entwicklung des im Schub regelbaren Raketentriebwerks *Curtiss-Wright XLR25-CW-1*, das später im Raketenflugzeug *Bell X-2* zum Einsatz kam. Für kurze Zeit sah es so aus, als ob Goddard seine selbst gewählte Isolierung aufgeben und mit dem großen Unternehmen *Curtiss-Wright* im Hintergrund sich nun der Raketentechnik auf industrieller Basis widmen würde. Doch am 10. August 1945 starb Goddard nach einer Operation an den Folgen von Kehlkopfkrebs.

Nutzungsrechte

Zu seinen Lebzeiten erhielt der Mann aus Worcester allein 48 Patente zur Raketentechnologie. Nach seinem Tod erlangte seine Witwe die Rechte für 131 weitere Erfindungen. Insgesamt steht der Name Goddard über 214 Patentschriften. Nach zum Teil juristischen Auseinandersetzungen mit Frau Goddard und der *Guggenheim*-Stiftung über Prioritäten und Rechte, in der sehr wahrscheinlich auch ein Gutachten Wernher von Brauns eine wichtige Rolle spielte, zahlte die amerikanische Regierung eine nicht unbeträchtliche Summe an die Erben und die Stiftung. Schließlich erwarb 1960 die NASA für eine Million Dollar sämtliche Nutzungsrechte an den Patenten.

Goddard war ein Einzelgänger, der sich über Jahrzehnte ausgrenzte und offensichtlich auch wenig Notiz davon nahm, was sich auf seinem Gebiet im eigenen Land und vor allem in der Alten Welt tat. Es ist daher durchaus verständlich, daß der Einfluß seines Wirkens auf die Entwicklung der Raketentechnik auch kontrovers gesehen wird.

Die Amateure aus New York

Wie in Europa auch fanden sich in den Vereinigten Staaten schon früh Raketen- und Raumfahrtenthusiasten zusammen, oft genug technikbegeisterte Journalisten und Science-fiction-Autoren. So entstand 1930 in New York die *American Interplanetary Society* (AIS), deren Aktivitäten zunächst im Schreiben bestanden. 1931 besuchte ihr Vizepräsident G. Edward Pendray Europa und hier speziell den „Raketenflugplatz Berlin-Reinickendorf". Was er dort an praktischen Experimenten sah, sollte doch auch in der AIS möglich sein. Mit bescheidenen Mitteln entwickelte man eine kleine Flüssigkeitsrakete, die am 14. Mai 1933 auf einem Versuchsgelände bei Stockton (New Jersey) gestartet wurde und eine Höhe von 75 m erreichte. Ein verbessertes Modell erhob sich am 9. September 1934 immerhin bis auf 405 m. Nun benannte sich die Gruppe in *American Rocket Society* (ARS) um und konzentrierte sich auf die Entwicklung und Erprobung von Triebwerken.

Zusammenschluß

Die ARS kam voran. Techniker und Ingenieure in ihren Reihen leisteten von 1935 bis 1941 wertvolle Grundlagenarbeit auf dem Gebiet der Raketenmotoren. So wurde von James H. Wyld, unabhängig von parallelen Entwicklungen in Deutschland und bei Goddard, die sogenannte regenerative Kühlung von Triebwerken technisch perfektioniert. Wyld war es auch, der im Dezember 1941, wenige Tage nach dem Eintritt der Vereinigten Staaten in den Zweiten Weltkrieg, mit seinen ARS-Kollegen John Shesta, Lovell Lawrence jr. und H. Franklin Pierce eine Firma gründete, die flüssiggetriebene Raketenmotoren baute. Die *Reaction Motors Inc.* entwickelte sich schnell zu einem erfolgreichen Unternehmen. Das Triebwerk *6000Ce*, mit dem das legendäre Raketenflugzeug *Bell X-1* angetrieben wurde, ging aus ihm hervor. Bekanntlich gelang dem Testpiloten Charles F. Yeager am 14. Oktober 1947 mit der *Bell X-1* der erste Überschallflug. Nach 1945 entwickelte sich die ARS rasch und ging schließlich 1963 gemeinsam mit einer anderen Organisation in das *American Institute of Aeronautics and Astronautics* (AIAA) auf.

Der „Selbstmörderklub" in Pasadena

Das GALCIT

Auch an der amerikanischen Westküste hatten sich Raketenbegeisterte zusammengefunden. Sie kamen überwiegend aus dem *Guggenheim Aeronautical Laboratory* (GALCIT) des CalTech.

Die Studenten der Luftfahrtwissenschaften und ihre Freunde hatten sich für ihre Versuche ein ausgetrocknetes Flußbett bei Pasadena, das Arroyo Seco, ausgesucht, fast genau an jener Stelle, an der sich heute eines der bedeutendsten NASA-Zentren befindet, das *Jet Propulsion Laboratory* (JPL). Am 31. Oktober 1936 startete die Gruppe dort ihre erste kleine Rakete. Frank J. Malina war der „Chef" des Teams, dem unter anderen John Parsons, Edward S. Forman, Wed Arnold, William C. Rockefeller, Carlos C. Wood, Hsue-shen Tsien und Apollon Milton O. Smith angehörten. Die beiden letztgenannten sollten später noch eine wichtige Rolle in der Entwicklung der Raketentechnologie spielen.

Malina machte gerade seine Doktorarbeit bei Theodore von Kármán, dem bedeutenden ungarischen Aerodynamiker, der seit 1930 Direktor des GALCIT war und der Raketenentwicklung sehr aufgeschlossen gegenüberstand. Mit der Zustimmung seines Institutschefs besuchte Malina Goddard in Rosswell. Wie erwartet, lehnte der Professor jeden Informationsaustausch ab. Mehr noch: Offenbar behandelte er den jungen Mann aus Pasadena, hinter dem immerhin ein international angesehener Wissenschaftler stand, recht unfreundlich. Kein Wunder also, daß von Kármán noch ein Vierteljahrhundert später in seinen Lebenserinnerungen anmerkt: „Es gibt keine direkte Verbindung von Goddard zur heutigen Raketentechnik. Er repräsentierte eine Linie, die ausgestorben ist. Er war ein erfindungsreicher Mann und hatte eine gute wissenschaftliche Grundlage, doch er war kein kreativer Wissenschaftler und nahm sich selbst zu ernst."

Das GALCIT konzentrierte sich auf seriöse Projekte. 1938 erhielt das Institut vom Kriegsministerium den Auftrag, eine Raketenstarthilfe für schwerbeladene Flugzeuge zu entwickeln, die von vergleichsweise kurzen Rollbahnen abheben mußten. Entsprechende Test- und Fertigungsanlagen waren für diese Arbeit notwendig. Man mietete dafür ein etwa 28 400 m² großes Gelände im Arroyo Seco an. Für die wirtschaftliche Nutzung der Entwicklungen gründeten von Kármán, Malina, Parsons und Forman ein Unternehmen, die *Aerojet Engineering Corporation,* die ab 1942 unter *Aerojet-General* firmierte.

Das Konzept

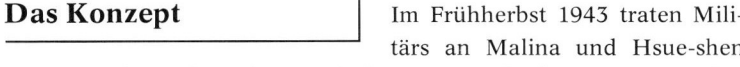

Im Frühherbst 1943 traten Militärs an Malina und Hsue-shen Tsien mit der Anfrage heran, ob das GALCIT in der Lage wäre, eine ballistische „Langstrecken"-Rakete zu entwickeln. Was man damals darunter verstand, wird aus dem ersten Entwurf deutlich, der eine Flüssigtreibstoff-Rakete mit einer Masse von 4,6 t und einer Reichweite von 120 km vorsah. Von Kármán legte das Konzept am 23. November 1943 vor und drängte auf einen zügigen Beginn. Weiter schlug er einen großzügigen Ausbau der Entwicklungskapazitäten sowohl für neue Triebwerkstechnologien als auch für militärische Raketen vor. Hier taucht auch erstmals der Name für die neue Einrichtung auf: *Jet Propulsion Laboratory* (JPL). Die Übersetzung „Laboratorium für Strahlantriebe" gibt den Zeitgenossen einige Rätsel auf. Von Kármán hatte die Bezeichnung „Strahlantriebe" mit Absicht gewählt, denn der Begriff „Raketen" war damals, wie er immer schmunzelnd zu erzählen pflegte, etwas anrüchig und fast ein Synonym für „unseriös".

Das Kriegsministerium war beeindruckt und drängte auf eine Konkretisierung des Konzepts. Anfang 1944 legte das JPL eine Detailstudie für die „komplette" Rakete vor, also mit den Systemen für die Lageregelung, Flugführung und Kontrolle. Postwendend erhielt das Team um von Kármán aus Washington einen Jahresvertrag über drei Millionen Dollar – ein für die damalige Zeit riesiger Betrag. Im Februar 1944 stimmte das Aufsichtsgremium des CalTech dem Projekt zu, allerdings mit der zeitlichen Einschränkung, daß eine solche Auftragsarbeit für das Militär nur bis zum Kriegsende erwünscht sei.

Unerwartete Dimensionen

Auf dem Gelände im Arroyo Seco arbeiteten im Herbst 1945 inzwischen über 300 Wissenschaftler, Techniker und anderes Personal. Zwei Laboratorien, Raketenprüfstände, ein Überschall-Windkanal und Verwaltungsgebäude waren entstanden. Man steckte intensiv in den Arbeiten an drei Raketenversionen, die nach den Dienstgraden der Armee bezeichnet wurden: *Private, Corporal und Sergeant.* Bereits am 1. Dezember 1944 hatte die *Private A* ihre Premiere. Die etwas über 2 m lange Feststoffrakete wurde bei Leach Springs (Kalifornien) gestartet und flog über eine Distanz von 15 km. Im Frühjahr 1945 folgte ein Testflug der mit kleinen Flügeln versehenen Version *Private F* bei Fort Bliss (Texas). Doch das alles waren gewissermaßen nur Fingerübungen.

Im Mittelpunkt stand die *Corporal*, die als erste ballistische Rakete der Armee gedacht war. Bedeutender aber wurde sie in ihrer modifizierten Form *WAC Corporal,* vor allem für wissenschaftliche Zwecke. Frank Malina hatte am 16. Januar 1945 der Armee die Entwicklung dieser kostengünstigen Version für den Vorstoß in die Hochatmosphäre schmackhaft gemacht. *WAC* war die Abkürzung von *Womens Army Corps,* der weiblichen Armee-Verbände, und sollte, *Corporal* vorangestellt, die „kleine Schwester" symbolisieren. Die Rakete, 4,85 m lang, 30 cm im Durchmesser und etwas über 300 kg schwer, konnte eine wissenschaftliche Nutzlast von maximal 20 kg transportieren. Das Triebwerk arbeitete mit der Treibstoffkombination Salpetersäure/Anilin, die Eugen Sänger bereits 1933 vorgeschlagen und mit der Helmut Zborowski 1939 bei BMW in München und Berlin experimentiert hatte.

Jungfernflug

Am 11. Oktober 1945 war es dann soweit. Vom neuen Testgelände in White Sands (New Mexico) hob die erste *WAC Corporal* von einem 30 m hohen Startturm ab. Diese Technik wurde notwendig, weil

Die erste ballistische Rakete mit Flüssigkeitsantrieb für die *US Army,* die *Corporal,* deren Entwicklung bereits 1945 im *Jet Propulsion Laboratory* (JPL) begann

die Rakete keine Lenkeinrichtung besaß und zur Stabilisierung nur mit drei Heckflossen ausgestattet war. Der Jungfernflug verlief perfekt und erreichte immerhin eine Höhe von knapp 70 km. Diese erste echte Höhenforschungsrakete war in mehrfacher Hinsicht bemerkenswert: Ihre Entwicklung erfolgte in einem Hochschulinstitut, finanziert von der Armee der Vereinigten Staaten. Das Triebwerk war bei *Aerojet General* gebaut worden, einer privaten Firma als „Ableger" des JPL. Die wissenschaftlichen Instrumente kamen aus zivilen Instituten des ganzen Landes. Bald jedoch sollten in White Sands andere Laute zu hören und mächtigere Raketen zu sehen sein.

Der Vorläufer der NASA

Nach mehrjähriger Diskussion beschloß 1915 die amerikanische Regierung, eine offizielle Einrichtung zu schaffen, deren Aufgabe es sein sollte, „wissenschaftliche Forschung im Bereich der Luftfahrt besonders in Hinsicht auf praktische Lösungen zu fördern und jene Problemkreise zu bestimmen, die experimentell untersucht werden sollten, mit dem Blick auf ihre Anwendung in praktischen Fragen. (...) Forschungen und Experimente zur Aeronautik sollten in einem entsprechenden Labor oder in Forschungseinrichtungen durchgeführt werden."

Das NACA

Präsident Woodrow Wilson berief zwölf ehrenamtlich tätige Mitglieder in das Gründungskomitee, das auf seiner ersten Sitzung der neuen Institution den Namen *National Advisory Committee for Aeronautics* (NACA) gab. Ihre praktische Bewährungsprobe bestand das NACA in der zweiten Hälfte des Ersten Weltkriegs, indem es patentrechtliche Probleme für den Flugzeugbau aus dem Weg räumte. Erst 1920 erhielt es sein erstes eigenes Forschungslaboratorium in Langley Field (Virginia), benannt nach Samuel Pierpont Langley (1834–1906), dem bedeutenden Astrophysiker und Flugpionier. Hier entstand der erste große Windkanal der USA. Heute gehört „Langley" zu den wichtigsten Zentren der NASA.

Zwar blieb das NACA zunächst eine relativ kleine Einrichtung, die 1939 erst 523 Mitarbeiter zählte, mit einem Jahresetat von 4,6 Millionen Dollar. Ihre Rolle für die nationale Luftfahrtforschung war aber bis dahin durchaus von erheblicher Bedeutung. Mit dem Ausbruch des Zweiten Weltkriegs änderte sich jedoch ihr Stellenwert dramatisch. 1940 begann der Aufbau eines neuen Forschungsschwerpunkts in Kalifornien, der nach Joseph A. Ames, einem Physiker der Johns-Hopkins-Universität und ehemaligen Vorsitzenden des NACA, benannt wurde. Das *Ames Center* in Moffett Field, 65 km südlich von San Francisco, hat sein Arbeitsgebiet später als NASA-Institution stark erweitert, bis hin zur Biomedizin. 1941 entstand nahe dem Flughafen von Cleveland (Ohio) ein weiteres NACA-Laboratorium, das sich speziell mit der Forschung und Entwicklung auf dem Triebwerkssektor beschäftigte. Später hieß es *Lewis Flight Propulsion Laboratory* nach George W. Lewis, der 28 Jahre lang Forschungsdirektor des NACA war. Seit 1959 dann repräsentierte dann das *Lewis Research Center* wie kein anderes das erste A in der Abkürzung NASA, nämlich „Aeronautics" – Luftfahrtforschung.

Ende 1945 hatte das NACA bereits etwa 6800 Mitarbeiter sowie einen Jahresetat von 40 Millionen Dollar und verfügte über Einrichtungen im Wert von mehr als 200 Millionen Dollar. In den Jahren danach, auch unter dem Eindruck der wachsenden Ost-West-Spannungen und später des Koreakriegs, entwickelte sich das NACA mehr und mehr zu einer problemlösenden Institution, die von den Militärs und der Industrie gleichermaßen in Anspruch genommen wurde.

Raketen aus Deutschland

Kriegsbeute *V2*

Die während des Zweiten Weltkriegs unter Wernher von Braun entwickelte und erprobte Rakete *A4* – oder besser bekannt als *V2* – und ihre Technologie gehörten wohl zur bedeutendsten Kriegsbeute der Alliierten. Es war die Entscheidung des Peenemünder Spitzenteams, sich den Amerikanern zu ergeben und ihnen den Weg zur Hard- und Software zu ebnen, die letztlich die USA an die Spitze der Raketentechnik und Raumfahrt führte. Sicher: Sowohl militärisch als auch technisch gesehen, waren die 2745 *V2*-Raketen, die gegen Ziele

Eine *V2*-Rakete startet 1946 von White Sands (USA)

in England und auf dem Kontinent gestartet wurden, zumindest in ihrer Summe ein Flop. Doch die Rakete war evolutionsfähig und ihre Konstrukteure in der Lage, Entwicklungen und Ideen umzusetzen. Die Geschichte des „Bergens" von *V2*-Raketen 1945 aus dem Mittelwerk im Harz durch die Amerikaner und die „Operation Paperclip", mit der zunächst 127 deutsche Experten in die USA gelangten, soll hier nicht beschrieben werden. Die Literatur dazu ist umfangreich.

In den Vereinigten Staaten war man sich bereits kurz vor Kriegsende bewußt, welche Schätze in Deutschland zu heben waren. Die Armee beauftragte am 15. November 1944 das Unternehmen *General Electric Corporation* (GE) unter der Projektbezeichnung *Hermes* mit der Entwicklung von Raketen unter Einbindung deutscher Technologie und

Der erste Höhenrekord

Ernst Stuhlinger und Frederick I. Ordway ziehen in ihrer aufschlußreichen Wernher-von-Braun-Biographie (1992) folgende Bilanz:

„Zwischen April 1946 und September 1952 wurden nicht weniger als 70 V2-Raketen gestartet, 67 vom Raketenversuchsgelände in White Sands, zwei in Florida und eine vom Flugzeugträger *Midway.* Die Erfolgsrate war recht gut, trotz der rauhen Behandlung und der unsauberen Umgebung, denen die Raketen ein Jahr lang nach ihrer Fertigstellung in Deutschland ausgesetzt waren, und trotz der primitiven Einrichtungen für ihre Montage und Überprüfung. Von den 70 V2-Raketen, die an die Startrampe gebracht wurden, versagten drei nach der Zündung, 20 erreichten Höhen zwischen 4 und 100 km, und 47 erhoben sich zu Spitzenhöhen zwischen 100 und 213 km. Die meisten von ihnen trugen wissenschaftliche Nutzlasten. Einige wurden für Untersuchungen von Lenk- und Steuersystemen verwendet. 75 Prozent der Raketen trugen Nutzlasten, die die vorgesehene Nutzlast überstiegen. Acht dieser V2-Raketen waren mit *WAC-Corporal*-Raketen als Oberstufen ausgerüstet. Diese Zweistufenraketen erreichten beträchtliche Höhen. Am 24. Februar 1949 wurde mit einem Gipfelpunkt von 387 km ein Rekord aufgestellt."

später mit der Untersuchung und Erprobung von *V2*. Die Techniker und Ingenieure von GE waren die ersten, die mit den in Fort Bliss (El Paso, New Mexico) stationierten deutschen Experten in fachlichen Kontakt kamen. Es ging dabei zunächst um die *Hermes A 1*, eine Boden-Luft-Rakete, in der unter anderem Konstruktionselemente und Bauteile der deutschen „Wasserfall-Rakete" verwendet wurden. Bis 1954 wurde unter der Bezeichnung *Hermes* eine Reihe verschiedener Raketentypen entwickelt.

Am 16. April 1946 hob erstmals eine *V2* von White Sands ab. Es war kein gelungener Auftakt, denn die Rakete erreichte nur knapp 6 km Höhe. Die eigentliche „Premiere" vor geladenen Gästen, einschließlich Presse, am 10. Mai 1946 wurde hingegen ein voller Erfolg. 114 km stieg die *V2* auf. Damit begann ein Programm, das bis zum 10. September 1952 lief und ein solides Fundament sowohl für die Erkundung der Hochatmosphäre als auch für die weitere Entwicklung der Raketentechnik legte.

Nicht immer ging alles glatt

Krafft A. Ehricke, einer der Experten aus der Peenemünder Gruppe, erzählte gern folgende Geschichte: Bei einem Routinestart in White Sands am 29. Mai 1947 trat im Steuerungssystem der *V2* ein Fehler auf, so daß die Rakete nach Süden schwenkte und Kurs auf El Paso nahm. Sie überflog die Stadt und den Rio Grande und schlug 2,5 km vor Juarez (Mexiko) ein, wo gerade eine große Fiesta stattfand. Zwar gab es weder Personen- noch Sachschaden, dennoch sorgte dieser Zwischenfall in Washington für Aufregung. Dwight D. Eisenhower, damals Oberbefehlshaber der Streitkräfte, und Außenminister George C. Marshall riefen umgehend in White Sands an. Ehricke: „Man nannte uns die einzige deutsche Truppe, die es geschafft hatte, in die USA einzudringen und weit westwärts bis El Paso vorzustoßen. Nun waren wir auch die einzige deutsche Mannschaft, der es gelungen war, von ihrer Basis in den USA Mexiko zu beschießen."

Doch die V2 beherrschte nicht allein die Szene. Die Entwicklung von Raketen auf breiter Grundlage war seit Kriegsende in den Vereinigten Staaten interessant und auch wichtig geworden, vor allem, als langsam die Anzahl der zur Verfügung stehenden *V2* abnahm und die Anwendungspalette in der Forschung immer umfangreicher wurde.

Konkurrenz wächst heran

Künstliche Himmelskörper?

Im Labor für angewandte Physik (APL) der Johns-Hopkins-Universität (Maryland) wurde die Höhenforschungsrakete *Aerobee* konzipiert, finanziert vom *Office of Naval Research,* von der Kriegsmarine also, und gebaut von *Aerojet.* Diese am 24. November 1947 erstmals gestartete Rakete brachte es in verschiedenen Versionen auf eine beachtliche Erfolgsbilanz:

Sie war 38 Jahre im Einsatz. Das letzte Aggregat, gestartet am 17. Januar 1985, trug die Nummer 1058. Die Zahl der wissenschaftlichen Publikationen, die auf *Aerobee*-Flüge zurückgeht, ist kaum überschaubar. Hier wurden entscheidende Grundlagen für die spätere Weltraumforschung mit Satelliten und Raumsonden gelegt.

Die Überlegungen zu einem Satelliten wurden mit dem GALCIT-Team in Pasadena diskutiert, wobei es bereits um erstaunliche Details ging. Fünf bis acht Millionen Dollar sollte das Projekt kosten. Zuviel für die *Navy*, die daraufhin die Luftwaffe als Partner zu gewinnen versuchte; beide nur Teil der *US Army*. Doch bei der *Air Force* hatte man eigene Pläne. Hier wurde die Saat für jene verhängnisvolle Rivalität zwischen den einzelnen Zweigen der Streitkräfte gelegt, die für die nächsten 15 Jahre zur Zersplitterung der Raketenentwicklung und zur Verzögerung des Einstiegs in die Raumfahrt führen sollte.

Ein Raumschiff im Orbit?

Die Marine war in mehrfacher Hinsicht ein früher Schrittmacher für die Entwicklung amerikanischer Raketentechnik. Bereits im Oktober 1945 hatte sie einen Expertenausschuß eingesetzt, der die potentiellen Möglichkeiten dieser neuen Technologie untersuchen sollte. In dem zusammenfassenden Bericht „Untersuchung der Möglichkeit des Einbringens eines Raumschiffes in einen Orbit über der Erdoberfläche" kamen O. E. Lancaster und J. R. Moore unter anderem zu dem bemerkenswerten und weit in die Zukunft weisenden Schluß, daß man mittels einer mit flüssigem Wasser-/Sauerstoff angetriebenen Einstufenrakete einen künstlichen Himmelskörper in die Umlaufbahn um die Erde bringen könnte: „Von besonderem Interesse ist die Kreisbahn in 35 680 km Höhe, über der Erdoberfläche, in der das Schiff eine Umlaufbahn pro Tag zurücklegen würde. In diesem Orbit könnte ein Raumschiff über einem bestimmten Punkt der Erdoberfläche bleiben."

Aktivitäten der *Navy*

Aus den technischen Erfahrungen mit der *V2* entstand die *Viking*-Rakete, schlanker als diese sowie leichter und einfacher als das deutsche Aggregat. Im Sommer 1946 erhielt die *Glenn Martin Company* den Auftrag, zehn Raketen zu bauen. Ein Anschlußauftrag über vier weitere Exemplare folgte. Die Triebwerke für die Treibstoffe Flüssigsauerstoff/Alkohol kamen von *Reaction Motors. Inc.*

Die „Väter" des Programms waren Ernest H. Krause und Milton W. Rosen. Mit dem Einmarsch der Amerikaner war Krause nach Deutschland gekommen und hatte an den Verhören jener Wissenschaftler und Techniker teilgenommen, auf die er nur wenig später wieder in den Staaten treffen sollte. Zwar war sein Verhältnis zu den Ex-Peenemündern reserviert. Die Möglichkeiten jedoch, die sie geschaffen und für die Zukunft geplant hatten, wollte er zügig weiterentwickeln und für die Forschung nutzen. Ein entsprechendes Programm wurde vom *Office of Naval Research* bereits im Dezember 1945 verabschiedet. Nur wenige Monate später brachte Krause die ersten jungen Wissenschaftler nach White Sands, deren Namen später im Raumfahrtzeitalter populär wurden, so zum Beispiel James Van Allen, Fred Whipple, Homer Newell und Herbert Friedman.

Der junge Ingenieur Milton Rosen war für die Raketenseite des *Viking*-Programms verantwortlich. Bemerkenswert seine Karriere, die ihn nicht nur in engem Kontakt mit dem Team um Wernher von Braun stehen ließ, sondern auch hoch in die NASA-Hierarchie führte. Der erste Start der *Viking* erfolgte am 3. März 1949. Sie war eine erfolgreiche Forschungsrakete, die jedoch einen entscheidenden Nachteil aufwies: Sie war extrem teuer. Allein jeder Start kostete 540 000 Dollar, von den Bodeneinrichtungen zur Treibstofflagerung ganz zu schweigen. Als das Programm 1955 auslief, waren noch zwei der vierzehn Raketen übriggeblieben. Für sie hielt die Zukunft noch eine „historische" Rolle bereit.

Männer wie Krause und Rosen in der Führung der Forschungsabteilung der Marine, später *Naval Research Laboratory* (NRL), verkörperten, obwohl sie im Vergleich zur Von-Braun-Gruppe technologisch eher zögerlich vorgingen, eine hohe Kompetenz in der Entwicklung und dem wissenschaftlichen Einsatz von Raketen. Ein Gewicht, das das NRL noch entscheidend in die Waagschale werfen sollte.

Raumfahrt-Planspiele aus der „Denkfabrik"

Die RAND

Wenn man die Geschichte der Raumfahrt betrachtet, ist eine Frage von besonderem Interesse: Welche der beiden Supermächte hat zuerst klar und konkret die Entwicklung von Satelliten sowohl für die zivile als auch für die militärische Nutzung erkannt? Klare Antwort: Die ersten Detailstudien entstanden bereits seit 1946 in den Vereinigten Staaten. 1945 wurde auf Vorschlag des Flugzeugherstellers die *Douglas Aviation* die **R**esearch **an**d **D**evelopment Corporation (RAND) gegründet, die erste bedeutende „Denkfabrik" der Welt. Sie legte am 2. Mai 1946 eine Untersuchung vor, in Auftrag gegeben von der Luftwaffe. Ihr Titel: „Preliminary Design of an Experimental World-Circling Spaceship" – „Vorläufiger Entwurf für ein experimentelles, erdumkreisendes Raumschiff". Diskutiert wurden sowohl wissenschaftliche Anwendungsbereiche, aber auch der Einsatz als unangreifbare Beobachtungsplattform für militärische Zwecke.

Eine Kostenfrage

Wie ein roter Faden zog sich jedoch durch die Untersuchung die Ansicht, „daß Satelliten eines der ergiebigsten Forschungshilfsmittel des 20. Jahrhunderts werden könnten". Die Kosten für die Entwicklung einer entsprechend leistungsfähigen Trägerrakete und des Satelliten schätzten die RAND-Experten auf etwa 150 Millionen Dollar. Ein damals schier astronomischer Betrag, der auch dazu beitrug, daß die Studie zunächst zu den Akten gelegt wurde. RAND sollte jedoch für die nächsten Jahre die Thematik nicht aus den Augen verlieren und legte bis 1952 vier weitere richtungsweisende Untersuchungen vor.

Aber auch die Industrie war nicht untätig, wie eine Studie der *Glenn Martin Company* über ein „Orbit-Projekt" vom September 1946 beweist. Die Administration in Washington jedoch, repräsentiert durch die Militärs, sah keinen Nutzen in der Realisierung eines Satelliten, wie diesbezügliche Erklärungen von Clark B. Millikan 1947 als Ergebnis einer Analyse des Verteidigungsministeriums sowie 1948 vom Ressortminister James V. Forrestal deutlich machten.

Schrittmacher für die Raumfahrt der USA

Die Rakete als Waffe wird wieder interessant

Militärreform

Die sich abzeichnenden Spannungen zwischen den westlichen Alliierten und der Sowjetunion veranlaßten die amerikanische Regierung unter Harry S. Truman zur größten Militärreform in der amerikanischen Geschichte, die letztlich auch Weichen für die noch in weiter Ferne liegende Raumfahrt stellen sollte. Mit der Verabschiedung des *National Security Acts* am 25. Juli 1947 durch den Kongreß kam es zu einer Neugliederung der Streitkräfte. So erhielt die Luftwaffe als *Air Force* einen eigenständigen Status und stand nun gleichberechtigt neben der *Army*, dem Heer, und der *Navy*, der Marine. Sie waren die drei Säulen des neuen *Department of Defense* (DOD), des Verteidigungsministeriums. Parallel gegründet wurden die *Central Intelligence Agency* (CIA) und das *National Security Council* (NSC), der Nationale Sicherheitsrat. Der NSC gewann im Laufe der Jahre einen entscheidenden Einfluß auf die amerikanische Weltraumpolitik.

Eine weitere Maßnahme Trumans definierte die „Raketenrolle" der einzelnen Streitkräfte: Die Luftwaffe erhielt die Zuständigkeit für „strategische" Raketenprogramme, während sich das Heer nur auf „taktische" Raketenwaffen konzentrieren sollte. Diese Aufteilung reflektierte die vorherrschende Einstellung der klassischen Militärs zur neuen Technologie. Im Heer sah man die Rakete als eine Art „Superartillerie", während die Luftwaffe sie als schnelles „Flugzeug ohne Flügel" betrachtete. Letztlich wurde aber mit dieser Entscheidung die

Dezentralisierung der technologischen Entwicklung festgeschrieben und das Signal für einen unproduktiven und zeitweise lähmenden Konkurrenzkampf der Waffengattungen gegeben. Die Luftwaffe hatte das große Los gezogen. Nur wenige Jahre nach dem Start des ersten Satelliten war es ihr gelungen, die militärische Raumfahrt weitestgehend zu vereinnahmen und der mächtigste Konkurrent der NASA zu werden.

Projekte der Luftwaffe

Die *Air Force* hatte sich bereits seit Anfang 1946 mit der Entwicklung einer Langstreckenrakete beschäftigt. Ein Team der kalifornischen Firma *Convair* unter Karel J. Bossart war dabei, eine Art „amerikanischer *V2*" zu konzipieren, das Projekt *MX-774*. Neue Technologien waren hier eingeflossen, so zum Beispiel kardanisch aufgehängte Raketenmotoren, die zur Flugführung als Ganzes geschwenkt werden konnten. Die äußere Hülle der Rakete, bestehend aus einer Aluminiumlegierung, diente auch als Wand für die Treibstofftanks. Gerade als das erste Testmodell fertig war, kürzte 1947 die Truman-Administration kräftig den *Air-Force*-Etat im Entwicklungsbereich, so daß das *MX-774*-Projekt eingestellt werden mußte. Immerhin kam es im Juli, September und Dezember 1948 in White Sands noch zu drei Teststarts, die jedoch nur bedingt erfolgreich waren.

Die *Atlas*

Zwischen 1947 und Anfang 1951 gab es keine weiteren Projekte für eine Langstrecken- bzw. Interkontinentalrakete (ICBM). Die Zündung des ersten sowjetischen nuklearen Sprengsatzes am 29. August 1949 und der Ausbruch des Koreakrieges am 25. Juni 1950 veranlaßten Präsident Truman zu weitreichenden Maßnahmen, um sowohl die Entwicklung der Wasserstoffbombe als auch die von Raketen mit großer Reichweite zu forcieren. Verteidigungsminister Louis Johnson konnte nun, notgedrungen, finanziell aus dem vollen schöpfen.

1951 vergab die Luftwaffe den Auftrag an *Convair* für das Projekt *MX-1593*, einer ICBM, für die Karel Bossart und seine Ingenieure auf ältere Arbeiten zurückgreifen konnten und der sie den Namen *Atlas* gaben. Das war die Geburtsstunde einer Rakete, die, konzipiert als Waffenträger, bis heute Raumfahrtgeschichte geschrieben hat.

Das Heer

Die *Army* konzentrierte sich, gemäß der politischen Vorgabe, zunächst auf eine Rakete mit einer Reichweite von einigen hundert Kilometern. Bereits 1949 hatte das Von-Braun-Team in Fort Bliss im Auftrag der *Army* eine Studie für eine große ballistische Rakete erarbeitet. Im Frühjahr 1950 erhielten die Ex-Peenemünder den endgültigen Auftrag. 130 deutsche Experten und etwa 800 Personen, Militärs und Mitarbeiter von *General Electric*, zogen nun im Juni 1950 von Texas nach Alabama, in das *Redstone Arsenal* der *Army* nach Huntsville. Das ursprüngliche Konzept, eine modifizierte *V2*, *Hermes C1* genannt, sah eine Reichweite von 800 km vor. Das neue Ziel war eine Rakete, die einen knapp 3 t schweren Sprengkopf über eine Distanz von 320 km tragen und außerdem von einer mobilen Plattform gestartet werden konnte. Als Raketenmotor war das *Navaho*-Triebwerk vorgesehen.

Im Gegensatz zur *Air Force* hatte die *Army* nur einen kleinen Etat für die Entwicklung bereitgestellt. Daher beschloß man, die kompletten Raketen in den Fertigungseinrichtungen des *Redstone Arsenals* zu bauen. Nur die Triebwerke sollten von draußen, von *Rocketdyne*, einem Tochterunternehmen von *North American Aviation*, kommen. Die Rakete erhielt, was lag näher, den Namen *Redstone*. 16 Exemplare wurden in Huntsville gefertigt. Die zweite Charge wurde an die Industrie vergeben. Hier fiel die Wahl auf die Firma *Chrysler*, die bis dahin nur als Produzent von Kraftfahrzeugen hervorgetreten war. Die Kritiker dieser Entscheidung wurden jedoch bald eines Besseren belehrt. Die Automobilbauer bewährten sich im Raketengeschäft über das *Jupiter*-Projekt bis hin zum *Saturn*-Programm. Der erste Start einer *Redstone*, gebaut im Arsenal, am 20. August 1953 wurde mit größtem Interesse beobachtet, hatte doch die Sowjetunion eine Woche vorher ihre erste Wasserstoffbombe gezündet. Die Enttäuschung am Cape Canaveral war jedoch groß, denn die Rakete legte nur 7,3 km zurück. Erst der dritte

Die *Bumper,* eine Kombination der *V2* und der *WAC Corporal,* erreicht 1949 einen Höhenrekord von 402 km

Überlegenheit der UdSSR programmiert?

Die experimentelle Wasserstoffbombe wog noch etwa 27 t, zuviel für den Transport an der Spitze einer Rakete.

Ein 1953 eingesetztes Expertenkomitee, an seiner Spitze kein Geringerer als der berühmte Mathematiker John von Neumann, sollte unter anderem die Möglichkeiten untersuchen, ob und wie sich die Masse eines solchen Sprengsatzes reduzieren ließe.

Dieses sogenannte *Teapot Committee* kam zu dem Schluß, daß relativ schnell die Entwicklung kleiner Wasserstoffbomben-Sprengköpfe möglich wäre, die mit Interkontinentalraketen über globale Distanzen transportiert werden könnten. Die Analyse wurde Grundlage weitreichender Entscheidungen, sowohl auf der nuklearen Seite als auch für ein entsprechendes Raketenkonzept. Sie führte dazu, daß in den USA zwar die Entwicklung der ICBMs forciert wurde, ausgelegt jedoch für relativ leichte Nutzlasten, in diesem Fall thermonukleare Sprengköpfe. Damit war die scheinbare Überlegenheit der UdSSR in den Anfangsjahren der Raumfahrt programmiert, denn sie mußte für den Transport ihrer schweren Nuklearsprengköpfe große und leistungsstarke Raketen entwickeln.

Flug einer *Redstone*-Rakete, wenige Wochen später, war ein voller Erfolg.

Neue technologische Herausforderungen

Am 4. November 1952 wurde Dwight D. Eisenhower zum Präsidenten der Vereinigten Staaten gewählt. Drei Tage zuvor war auf dem Eniwetok-Atoll im Pazifik der erste nukleare Fusionssprengsatz der Welt, der Vorläufer der Wasserstoffbombe, gezündet worden. Waffentechnisch bedeutete das den Aufbruch in eine neue Ära, und das in einer Zeit, in der der Koreakrieg noch in vollem Gange war. Der potentielle „Feind", die UdSSR, schien ebenfalls technologische Fortschritte zu machen, doch der genaue Umfang blieb im dunkeln.

Im März 1954 wurden die Raketenaktivitäten der *Air Force* in der *Western Development Organization,* mit Sitz in Inglewood (Kalifornien), zusammengefaßt. Ein Programm lief unter der Leitung von Brigadegeneral Bernard A. Schriever an, das in seinen Kosten schließlich das berühmte Manhattan-Projekt zur Entwicklung der Atombombe übertreffen sollte. Hier verfolgte man von Anfang an die Strategie, den größten Teil der Forschung und Entwicklung sowie die komplette Fertigung an Firmen zu vergeben. So entstand an der Westküste der USA im Laufe der Zeit der Schwerpunkt der Raketen- und später der Raumfahrtindustrie.

Die *Jupiter*

Auch bei der *Army* waren nun Raketen mit größerer Reichweite gefragt. Über 2400 km sollte eine „Nutzlast" von 1125 kg tranportiert werden können. Dazu bot sich das von *Rocketdyne* entwickelte neue Triebwerk an, das Kerosin und Flüssigsauerstoff als Treibstoffe verwendete. Konstruktive Neuerungen, wie die sogenannte „Spaghetti-Technik" für Brennkammer und Düse sowie die Steuerung durch Schwenken des gesamten Triebwerks, gingen in die Entwicklung ein, die 1953 begann. *Jupiter* hieß die neue Rakete, die nun im Mittelpunkt der Arbeiten der Von-Braun-Mannschaft in Huntsville stand. Auch das Heer gründete jetzt seine eigene Raketenbehörde, die *Army Ballistic Missile Agency* (ABMA), zu deren Kommandeur am 1. Februar 1956 Major General John B. Medaris ernannt wurde und deren fachlichen Kern die deutschen Spezialisten bildeten.

Die Raumfahrt kommt ins Gespräch

Seit dem Jahre 1950 schenkte man in den USA dem Thema „Raumfahrt" zunehmend Beachtung, nicht zuletzt durch die publizistischen Aktivitäten Wernher von Brauns. Einer der Höhepunkte war zweifellos das Symposium im Hayden-Planetarium in New York am 12. Oktober 1951, am Columbus-Tag, das Prominenz aus Industrie und Wissenschaft ans Rednerpult lockte. Der Erfolg dieser Veranstaltung war so groß, daß sie nicht nur weitere Tagungen mit unterschiedlichen Schwerpunkten initiierte, sondern auch das Interesse einer weitverbreiteten Zeitschrift, des *Colliers Magazine*, fand. Hier erschien nun eine Reihe von Aufsätzen, die in populärer Form viele Aspekte zur Raumfahrt vorstellte. Die Resonanz war überwältigend, so daß die Artikelserie in erweiterter Form sogar als Buch unter dem Titel „Neue Ziele im Weltraum" publiziert wurde.

Das erste Modell eines künstlichen Satelliten, vorgestellt während eines der Symposien des New Yorker Hayden-Planetariums

Das Hayden-Planetarium zog mit einer zweiten Konferenz nach, wiederum am Columbus-Tag, am 12. Oktober 1952. Hier meldete sich als Skeptiker Milton Rosen zu Wort, der den kühnen Ideen von bemannten Flügen und Raumstationen schon unter dem Aspekt der hohen Kosten keine Zukunft prophezeite. Er hielt die kleinen Schritte, das langsame experimentelle Vortasten für den realistischeren Weg. Doch das öffentliche Interesse an der „Eroberung" des Kosmos war geweckt. Gesteigert wurde es noch, als Walt Disney die Raumfahrt entdeckte. Drei aufwendige Filme wurden mit Werner von Braun, Heinz Haber und Willy Ley als fachliche Berater produziert, mit genauen Modellen von Raketen, Raumschiffen, der Raumstation sowie von Mond- und Marsfahrzeugen.

Es wird berichtet, daß nach der Ausstrahlung der ersten Produktion im Fernsehen am 9. März 1955 Präsident Eisenhower den Film den führenden Männern des Pentagons, des Verteidigungsministeriums, zeigen ließ. Mit einiger Sicherheit dürfte dieser Anschauungsunterricht in Sachen Raumfahrt zumindest den Präsidenten positiv auf kommende Entwicklungen eingestimmt haben. Als das dritte und aufwendigste Stück „Zum Mars und weiter" am 4. Dezember 1957 ausgestrahlt wurde, war der Aufbruch in den Weltraum bereits Realität.

Ein Jahr, das 18 Monate haben sollte

Mehrfach wurde in den frühen fünfziger Jahren in den USA der Versuch unternommen, die Regierung zu einem Satellitenprojekt zu ermuntern. Da gab es 1953 das gut durchdachte Konzept MOUSE (*M*inimum *O*rbiting *U*nmanned *S*atellite of the *E*arth) von S. Fred

Singer, ein 45 kg schwerer Forschungssatellit. Ein Ausschuß der *American Rocket Society* unter Milton Rosen legte am 24. November 1954 der *National Science Foundation,* der Nationalen Wissenschaftsstiftung, einen Bericht „Über den Nutzen eines unbemannten Erdsatelliten" vor, mit der Empfehlung, eine konkrete Projektstudie zu finanzieren. Doch die Stiftung zeigte wenig Weitblick und reagierte nicht einmal auf den Vorschlag.

Zeit zum Handeln

Zu diesem Zeitpunkt waren die Weichen bei den Militärs bereits inoffiziell gestellt worden. Ende 1953 hatten Commander George W. Hoover aus der Leitung der Marineforschung und Frederick C. Durant III., der Präsident der *Internationalen Astronautischen Federation* (IAF), die Initiative ergriffen und einige der führenden Raketenexperten, darunter auch von Braun und seine engsten Mitarbeiter, zu einem Gedankenaustausch zusammengerufen. Hoover gab in seiner Eröffnung gleich die Richtung vor, wie sich Ernst Stuhlinger erinnert: „Meine Herren, die Zeit des Redens ist vorbei, die Zeit zum Handeln ist gekommen. Wir wollen das Projekt in Angriff nehmen und einen Satelliten bauen." Die Teams der *Navy* und der *Army* vereinbarten eine enge Zusammenarbeit, wobei das NRL den kleinen, sogenannten Minimalsatelliten, 2,5 kg schwer, bauen sowie das *Minitrack*-Bahnverfolgungssystem, die Bodenlogistik und Datenverarbeitung stellen sollte. Huntsville wollte die Trägerrakete liefern.

Die technischen und wissenschaftlichen Innovationen aus der Hinterlassenschaft des Zweiten Weltkriegs ließen bald den Gedanken reifen, mit den neuen Hilfsmitteln in einer internationalen Kampagne die Erde und ihre Umgebung zu untersuchen. Es war vor allem der renommierte Geophysiker Lloyd Berkner, der sich seit 1950 für ein solches Unternehmen stark machte. Es wurde schließlich das sogenannte „Internationale Geophysikalische Jahr" (IGJ) verabredet, das vom 1. Juli 1957 bis zum 31. Dezember 1958 unter Beteiligung von 67 Nationen stattfinden sollte. Ein Sonderausschuß des Planungskomitees empfahl bereits am 4. Oktober 1954 den Mitgliedsstaaten, über den Start kleiner Satelliten nachzudenken. Im März 1955 wurde daraus eine offizielle Aufforderung, zumal auch aus der UdSSR Informationen über Raumfahrtpläne zu vernehmen waren.

Army – Navy – Air Force

Die drei Waffengattungen melde-
ten sich zu Wort. Das NRL hatte
unter Rosen ein eigenes Raketenkonzept entwickelt, mit einer modifizierten *Viking* als erster Stufe, einer verbesserten *Aerobee-Hi* als zweiter und einem neuen Feststoffaggregat als dritter Stufe. 18 kg sollte die
Rakete transportieren können und im Sommer 1956 einsatzbereit
sein. Die *Air Force* ließ wissen, daß auch sie einen Satelliten plane, der
mit der *Atlas*, zu diesem Zeitpunkt noch in der Konstruktion, gestartet
werden sollte. Schließlich legte auch die *Army* eine neue Version des Minimalsatelliten vor, die die Von-Braun-Mannschaft entworfen hatte.

Am 26. Mai 1955 diskutierte der Nationale Sicherheitsrat, wer
denn einen Satelliten im Rahmen des IGJ starten könnte. Man sprach
sich für ein „ziviles" Konzept aus, um nichts von den Entwicklungen
der Militärs erkennen zu lassen. Präsident Eisenhower kündigte am
28. Juli 1955 den Start von „kleinen, erdumkreisenden Satelliten für
wissenschaftliche Zwecke" im Rahmen des IGJ an. 24 Stunden später
zog die Sowjetunion mit einer analogen Erklärung nach.

Nur wenige Wochen später wurde in einem vom Verteidigungsministerium eingesetzten Ausschuß unter der Leitung des CalTech-
Physikers Homer Joe Stewart endgültig über die Frage des Satel-
litenstarters entschieden. Die *Air Force* war aus dem Rennen, da die
Atlas noch nicht einsatzfähig war und ihre technischen Details unter
„geheim" liefen. Übrig blieben die Vorschläge der *Navy* und der *Army*.
Sechs Ausschußmitglieder stimmten für Rosens Konzept, drei, einschließlich Stewart, für das Projekt Wernher von Brauns. Diese Entscheidung hatte in mehrfacher Hinsicht weitreichende Folgen. Verteidigungsminister Charles E. Wilson, der in Sachen Raketen keine
glückliche Hand hatte, nahm sie zum Anlaß, der *Army* alle Arbeiten an
Satellitenprojekten und entsprechenden Trägerraketen zu untersagen.
Damit war von Braun in Huntsville hinsichtlich Raumfahrt zunächst
kaltgestellt. Man unterlief diese Order in bewährter Weise, indem die
Pläne nebenher und gut getarnt weiter verfolgt wurden.

„Vorhut"

Im September 1955 wurde offi-
ziell bekanntgegeben, daß der
Start eines amerikanischen Satelliten im Rahmen des IGJ durch das
Naval Research Laboratory erfolgen werde. *Vanguard*, „Vorhut", war

die Projektbezeichnung, dessen Leitung John P. Hagen übertragen wurde, mit Milton Rosen als Chefingenieur. Die 22 m hohe und 10,6 t schwere Rakete sollte zunächst eine nur 1,35 kg schwere Nutzlast, einen 15 cm großen Testsatelliten, in die Umlaufbahn bringen. Das NRL erprobte im Dezember 1956 und Mai 1957 mit den beiden letzten *Viking*-Raketen Elemente und Systeme der *Vanguard*. Die Flüge verliefen erfolgreich, so daß man mit Optimismus dem Start des ersten Satelliten im Herbst 1957 entgegensehen konnte.

Der „Sputnikschock"

Am 26. August 1957 gab die sowjetische Nachrichtenagentur TASS bekannt, daß in der UdSSR erstmals eine mehrstufige ballistische Rakete über eine interkontinentale Distanz geflogen sei. Die Nachricht ließ im Westen die Alarmglocken schrillen, da TASS unüberhörbar den waffentechnischen Aspekt hervorhob. Das Ereignis hatte bereits am 21. August stattgefunden. Gestartet war die *R-7*-Rakete in Tjuratam, dem heutigen Baikonur (Kasachstan). Sie legte bis zum Zielgebiet in Kamtschatka knapp 10 000 km zurück. Heute wissen wir, daß dieser Flug nur ein Teilerfolg war. In 10 km Höhe über dem Zielgebiet wurde beim Wiedereintauchen in die Erdatmosphäre der Hitzeschutz der 5400 kg schweren Sprengkopf-Attrappe zerstört.

Sputnik 1

In der aufflammenden militärpolitischen Diskussion wurden offensichtlich Meldungen und Informationen aus der UdSSR überhört, die auf einen bevorstehenden Satellitenstart hinwiesen. Allerdings hatten einige Experten in den USA einen möglichen Start für den 17. September 1957, dem 100. Geburtstag Konstantin Ziolkowskis, erwartet. Der Start von *Sputnik 1* am 4. Oktober 1957 löste zunächst Verwirrung und dann einen Schock aus. Es waren die erstaunliche Masse von 83,6 kg des kugelförmigen Satelliten von 58 cm Durchmesser und die relativ hohe Umlaufbahn, die auf eine entsprechend leistungsstarke Rakete hinwiesen. Mit einem solchen Aggregat war es durchaus möglich, eine Megatonnen-Wasserstoffbombe an jeden Punkt der Erde zu transportieren.

Die Reaktion

Am Tag nach dem *Sputnik*-Start berief Präsident Eisenhower eine Konferenz mit seinen engsten Beratern ein. Erregt wies er auf Presseberichte hin, wonach das Von-Braun-Team bereits ein Jahr früher einen Satelliten hätte starten können. Der Vertreter des Verteidigungsministeriums mußte zugeben, daß man von dieser Möglichkeit wußte. Damit wäre aber geheime, in der Entwicklung befindliche Technologie öffentlich geworden. Am Nachmittag führte Eisenhower ein Gespräch mit Detlev Bronk, dem Chef der Nationalen Wissenschaftsstiftung. Auf die besorgte Frage des Präsidenten, was denn nun geschehen müßte, wiegelte Bronk ab: „Wir sollten nicht auf alles, was die Russen machen, mit der Änderung unserer Programme reagieren." Eisenhower war zwar von dieser Einschätzung nicht ganz überzeugt, machte sie sich aber zunächst zu eigen.

Wäre seine Reaktion anders ausgefallen, wenn er gewußt hätte, wie das Ereignis in Huntsville aufgenommen wurde? Genau an jenem Tag besuchte Neil H. McElroy, der designierte Verteidigungsminister, in Begleitung des Heeresministers Wilbur M. Brucker und anderer hochrangiger Militärs die ABMA in Huntsville. Mitten in die Cocktailstunde platzte die Nachricht vom sowjetischen Satellitenstart. Von Braun: „Wir hätten das mit unserer *Redstone* schon vor zwei Jahren machen können." An McElroy gewandt: „Geben Sie mir das Signal, und wir werden in sechzig Tagen einen Satelliten im Orbit haben." General Medaris schwächte ab: „Wernher, wir einigen uns auf neunzig." Der zukünftige, aber noch nicht vom Kongreß bestätigte Verteidigungsminister taktierte mangels fehlender Vollmachten zurückhaltend. Für die *Army* bot Brucker der Marine an, beim JPL in Pasadena sechs Satelliten, Kosten knapp 13 Millionen Dollar, bauen zu lassen und zu starten. Doch die NRL-Spitze ignorierte das Angebot, da sie sich mit dem Projekt *Vanguard* bereits auf Erfolgskurs wähnte.

Sputnik 2

Es bedurfte offensichtlich eines noch stärkeren Schocks, um die amerikanische Administration zu wirkungsvollem Handeln zu bewegen: Am 3. November 1957 startete die Sowjetunion *Sputnik 2*, 508 kg schwer, mit der Hündin Laika an Bord. Die Medien sprachen von einem technologischen Pearl Harbor. Lyndon B. Johnson, Mehrheitsführer im Senat, sowie die Senatoren Henry Jackson und Stuart Symington attackierten Eisenhower und warfen ihm eine Vernachlässigung der Verteidigungsfähigkeit des Landes vor. Ein Senatsausschuß unter Johnson durchleuchtete die Aktivitäten hinsichtlich Raketen und Satelliten und machte nun kräftig Druck. Der Texaner sollte in den nächsten Monaten und Jahren noch viel für die Raumfahrt tun. Seine wichtige, aber auch schillernde Rolle in diesem Bereich harrt jedoch noch einer genaueren Analyse.

Eisenhower reagierte jetzt weniger zögerlich und forderte seinen Verteidigungsminister auf, der *Army* grünes Licht für ihr Satellitenprojekt zu geben. Anscheinend hatte aber McElroy den Ernst der Stunde nicht erkannt. Aus seinem Ministerium erging lediglich die Order, einen Satelliten vorzubereiten. Der Start aber sollte erst geplant werden, wenn eine entsprechende Anweisung aus dem Pentagon käme. Nun probten die Hauptakteure den Aufstand. General Medaris drohte, den Dienst zu quittieren, wenn er keinen klaren Auftrag zum Start eines Satelliten bekäme. Wernher von Braun und William H. Pickering, Direktor des JPL und damit verantwortlich für den Satelliten, schlossen sich dem Vorgehen von Medaris an. Am 8. November 1957 kam dann schließlich der definitive Befehl.

Die winzigen *Vanguard*-**Satelliten werden montiert**

Vom Pech verfolgt: *Vanguard*

Kompliziert und unausgereift

Druck wurde nun auch auf die *Navy* ausgeübt, endlich Amerikas Beitrag zum IGJ in den Orbit zu bringen. Das NRL-Team um Hagen und Rosen hatte den ersten Start der *Vanguard* am Cape Canaveral als reinen Systemtest der Trägerrakete geplant. Durch die spektakulären Aktionen der Sowjets geriet, wie kaum anders zu erwarten, der erste *Vanguard*-Flug in den Rang eines internationalen Ereignisses. Am 6. Dezember 1957 saßen dann Millionen Fernsehzuschauer vor den Bildschirmen und sahen, wie unmittelbar nach dem Zünden des Starttriebwerks die Rakete in einem gigantischen Feuerball explodierte, wobei sich der kleine Satellit selbständig machte und durchs Gelände rollte. Hohn und Spott über den „Kaputtnik", nicht nur aus Moskau, machten die Runde.

Ein zweiter Testflug scheiterte am 5. Februar 1958 und bestätigte die Einschätzung der Experten, daß die Dreistufenrakete kompliziert und unausgereift sei. Am 17. Mai 1958 gelang es, einen der kleinen Satelliten in eine hohe Umlaufbahn zu schicken, aus der er bis Mai 1964 wichtige Daten übermittelte. Seine passive Lebensdauer dürfte noch mindestens 250 Jahre betragen. Zwischen April und September 1958 gab es vier Fehlstarts der *Vanguard*. Das Jahr 1959 sah vier weitere Starts mit schwereren Satelliten. Zwei Missionen scheiterten in einer frühen Flugphase. *Vanguard 2*, knapp 10 kg schwer, gelangte am 17. Februar in den Orbit. Er lieferte übrigens das erste Bild der Erde aus dem Weltraum. Daß er nicht die Popularität erlangte, die ihm gebührt, liegt an der mangelnden Qualität der TV-Übermittlung, verursacht durch eine Präzessionsbewegung des Raumflugkörpers.

Lohn des Ehrgeizes

Am 18. September 1959 wurde *Vanguard 3*, der letzte und mit 23 kg schwerste Satellit der Serie, erfolgreich gestartet. Um Störungen durch den Abtrennvorgang zu vermeiden, blieb er mit der letzten Stufe verbunden. Das ehrgeizige *Vanguard*-Projekt hat trotz Mißerfolgen Schrittmacherfunktionen für die Raumfahrt der USA gehabt. Die Erfahrungen mit seiner Rakete, ausschließlich für Forschungszwecke entwickelt, haben ihren Niederschlag bei der Konzeption der erfolgreichen *Delta*-Trägerrakete gefunden. Aus dem weltweiten Bahnver-folgungssystem *Minitrack* mit elf Überwachungseinrichtungen ent-stand später das globale Netz der NASA-Bodenstationen.

Explorer 1 – Amerikas erster Satellit

Am 8. November 1957 lief das 90-Tage-Programm für Amerikas ersten Satelliten an. Die ABMA mit dem Von-Braun-Team arbeitete schon länger mit dem JPL an militärischen Projekten zusammen. Zwei unter-schiedlichere Organisationen konnte man sich kaum vorstellen: Die ABMA in Huntsville, militärisch-straff und deutsch-gründlich organi-siert; das JPL mit seiner intellektuellen Unabhängigkeit einer aka-demischen Institution und dem CalTech als Träger, oft charakterisiert als Künstlerkolonie oder „loses Konglomerat einzelner Genies", deren Gehälter doppelt so hoch waren wie die ihrer ABMA-Kollegen. Hier plante man bereits ein Programm zur Erkundung der Mondoberfläche, wobei kurzzeitig an die „harte Landung" eines nuklearen Spreng-kopfes gedacht wurde, um den Aufschlag spektakulär sichtbar zu machen. Welch fulminante Steigerung zu Goddards Idee, der dafür Blitzlichtpulver oder Magnesium verwenden wollte.

Juno – nach hauseigenem Konzept

Zunächst mußte die aktuell an-stehende Aufgabe gelöst werden. William Pickering bestand nicht nur darauf, den Satelliten mit einem wissenschaftlichen Experiment auszustatten. Vielmehr sollte der Kunstmond nun komplett im JPL nach hauseigenem Konzept gebaut werden. Das war zwar nicht nach dem Geschmack von Brauns, dessen Mitarbeiter bereits einen Satel-liten planten, man akzeptierte aber die Entscheidung von General Medaris, der diese Arbeitsteilung absegnete. Genug zu tun gab es für beide Gruppen. Das Wissenschaftlerteam unter James Van Allen in Iowa City stand beim Bau des Strahlungsmeßinstruments auch unter Zeitdruck, zumal aus Pasadena mehrfach Änderungswünsche laut wurden. Aus dem JPL kamen auch die *Sergeant*-Feststoffraketen, die als Oberstufen der *Jupiter-C*-Rakete der ABMA, einer modifizierten *Redstone*, dienten. Diese Kombination erhielt die Bezeichnung *Juno*.

„Der Satellit ist im Orbit"

Am 17. Januar 1958 wurde die Rakete mit dem Satelliten an die Abschußrampe am Cape Canaveral gebracht. Vorgesehen war der Start für den 29. Januar 1958. Große Verzögerungen konnte man sich nicht erlauben. Die *Air Force* hatte Starttermine „gebucht", die *Vanguard*-Truppe war in Vorbereitungen für einen neuen Flugversuch Anfang Februar begriffen, der Vorrang vor dem *Juno-1*-Start haben würde. Schlechtes Wetter machte am 29. Januar einen Strich durch die Rechnung Auch einen Tag später verhinderten noch starke Höhenwinde den Start. Am 31. Januar 1958, 22.48 Uhr Ortszeit, hob dann die Rakete mit dem Satelliten ab. Voller Spannung erwarteten die Experten der ABMA und des JPL die Signale des 1,2 m langen Raumflugkörpers von nur 15 cm Durchmesser und 5 kg Masse. Es dauerte länger als erwartet, bis die Bodenstation in Goldstone (Kalifornien) melden konnte: Der Satellit ist im Orbit! Er hatte eine hohe Umlaufbahn erreicht, deren erdfernster Punkt bei 2548 km lag, während die größte Erdannäherung 356 km betrug. 114,8 Minuten benötigte der Satellit, der dann offiziell von Präsident Eisenhower den Namen *Explorer 1* bekam, für eine Erdumkreisung.

Die wissenschaftliche Ausbeute des Satelliten war überraschend hoch. Bis zum 23. Mai 1958 lieferte *Explorer 1* wichtige Meßdaten über seine kosmische Umgebung, die James Van Allen erste Hinweise auf die Strahlungsgürtel um die Erde gaben. Als der Satellit am 31. März 1970 in der Erdatmosphäre verglühte, bereitete die NASA gerade die dritte Landung von Menschen auf dem Mond vor.

Ein neues Stadium

Der Bann war gebrochen. Schon Anfang März 1958 sollte *Explorer 2* folgen, im wesentlichen eine Wiederholung des Erstfluges. Beim Start am 5. März 1958 zündete jedoch die vierte Stufe der *Juno-1*-Trägerrakete nicht, so daß die Mission scheiterte. Inzwischen war die Raumfahrt in ein neues Stadium getreten. So hatte die UdSSR am 15. Mai 1958 den 1327 kg schweren Satelliten *Sputnik 3* gestartet und damit deutlich gemacht, daß sie im Besitz einer Trägerrakete von ganz anderen Leistungsdimensionen war, als sie derzeit den Vereinigten Staaten zu Verfügung stand.

Links:
Start von *Explorer 1* am 31. Januar 1958

Eine Weltraumbehörde entsteht

Die Gründungsphase

Argumente

Die USA mußten ihre Raumfahrt-
ziele sehr schnell klar definieren.
Bereits Anfang des Jahres hatte Eisenhower das *President's Science Advisory Council* (PSAC), den wissenschaftlichen Beirat des Präsiden-
ten, gegründet, an dessen Spitze James R. Killian stand. Im März 1958 legte der PSAC einen bedeutsamen Bericht mit dem Titel *Introduction to Outer Space* – „Einführung in den Weltraum" – vor. Er formulierte vier Argumente für ein umfassendes Raumfahrtprogramm der USA:
1. Die Erde und ihre kosmische Umgebung weiter zu erforschen.
2. Die Landesverteidigung.
3. Nationales Prestige.
4. Neue Möglichkeiten für die wissenschaftliche Forschung.
Vorschläge für ein nationales Programm waren sofort nach dem ersten Sputnikstart laut geworden. Sie kamen, wie nicht anders zu erwarten, von den Militärs und hier vor allem von der Luftwaffe. Eines ihrer Standardargumente war, „daß Luft- und Weltraum im Grunde ein einziges unteilbares Operationsfeld darstellten". Prominente Wissenschaftler wie Guyford Stever und Edward Teller standen den ent-
sprechenden Ausschüssen vor, die „die Errichtung eines aktiven Welt-
raumprogramms mit dem unmittelbaren Ziel einer Landung auf dem Mond" forderten. Nun konzentrierte sich die *Air Force* auf ihr Projekt „*Man in Space soonest*" – „Bemannte Raumfahrt so bald wie möglich", das Keimzelle des späteren *Mercury*-Programms der NASA wurde. Aber der General auf dem Präsidentenstuhl war nicht geneigt,

sich zum Fürsprecher eines von den Militärs dominierten Raumfahrtprogramms zu machen. Das Konzept, Menschen in den Orbit zu bringen, hielt er für nutzlos. Lag es daran, daß Eisenhower das politische und militärische Potential der neuen Technologie völlig unterschätzte? In einem Punkt war seine Haltung jedoch klar: Zivile und militärische Aufgaben und Interessen sollten deutlich getrennt werden. Im Pentagon wurde Protest laut: Hatte man nicht gerade eine spezielle Institution, die *Advanced Research Projects Agency* (ARPA) installiert, eine zentrale Forschungs- und Entwicklungsagentur für Projekte der Spitzentechnologie, die über den einzelnen Waffengattungen stand und sich primär um den Weltraum kümmern sollte?

Ein großes Raumfahrtprogramm?

In dieser kritischen Phase kam es zu einem bemerkenswerten Zusammenspiel des Republikaners Eisenhower und des Führers der demokratischen Opposition Johnson. Der Senator aus Texas hatte sich für ein großes Raumfahrtprogramm ausgesprochen, das zentral koordiniert und geführt werden sollte. Eisenhower bestand darauf, daß ein ziviles Programm auch von einer zivilen Administration geleitet werden sollte. Es bot sich an, das NACA zum Nukleus für die geplante Einrichtung zu machen. Die staatliche Institution für die Luftfahrtforschung hatte sich rasch für das neue Medium zu interessieren begonnen und bereits auf Teilgebieten, die später für die bemannte Raumfahrt wichtig werden sollten, gemeinsam mit der *Air Force* erhebliche Aktivitäten entfaltet. Doch wie waren die Militärs zu überzeugen oder zu überrumpeln? Johnson ging mit List und Tücke vor. Das Pentagon erhielt den entsprechenden Gesetzentwurf erst im letzten Moment. Der Text erweckte bei oberflächlicher Betrachtung den Eindruck, daß beinahe alles beim alten bleibt und nur der Name des NACA zu NASA, *National Aeronautics and Space Administration*, erweitert wird.

Die Geburtsurkunde der NASA

Während das NACA weitgehend frei war von politischen Einflüssen, sollte die neue Institution hoch oben angesiedelt sein, mit einem Leiter, der vom Präsidenten berufen wurde.

Am 2. April 1958 gab Präsident Eisenhower in einer Botschaft an den Kongreß bekannt: „Ich empfehle, daß die von den Vereinigten Staaten geförderten Aktivitäten in den Luftfahrt- und Weltraumwissenschaften unter der Leitung einer zivilen Behörde durchgeführt werden, mit Ausnahme jener Projekte, die primär mit militärischen Erfordernissen verbunden sind."

T. Keith Glennan, von
1958 bis 1961 erster
NASA-Administrator

Jetzt erkannte das Verteidigungsministerium, daß hier ein mächtiger Rivale aus der Taufe gehoben werden sollte, und suchte dessen Entstehung mit allen Mitteln zu verhindern. Wochenlang tobte eine politische Schlacht in Washington vor und hinter den Kulissen. Lyndon B. Johnson und sein Landsmann Sam Rayburn, Sprecher des Repräsentantenhauses, waren letztlich die überzeugenden Wortführer für eine zivile Raumfahrtbehörde. Am 29. Juli 1958 unterschrieb der Präsident den *Space Act*, die Geburtsurkunde der NASA.

Im August 1958 berief Eisenhower den Präsidenten des *Case Technology Institute*, T. Keith Glennan, zum ersten Direktor der neuen Behörde. Glennan, der renommierten Technischen Hochschule in Cleveland (Ohio) seit 1947 verbunden, war weder in Washington noch in der jungen Raumfahrtszene ein Unbekannter. Seit geraumer Zeit hatte er eine wichtige Funktion in der Atomenergie-Behörde und saß zudem in einem Ausschuß, der über die Finanzierung des *Vanguard*-Projekts zu entscheiden hatte. Glennan war es auch, der darauf gedrungen hatte, daß der nationale Wissenschaftsausschuß anläßlich des ersten Sputnikstarts ein offizielles Glückwunschtelegramm nach Moskau schickte.

Am 1. Oktober 1958 ging das nun 43 Jahre alte NACA mit seinen etwa 8000 Beschäftigten, drei Zentren und Einrichtungen im Wert von 300 Millionen Dollar in die NASA auf. Eisenhower hatte dem Chef der neuen Organisation mit auf den Weg gegeben: „Es ist mir egal, was Sie da machen werden, solange es gut und zivil ist und unter einer Milliarde Dollar kostet." Schnell sah Glennan, daß er bald sehr viel mehr als eine Milliarde brauchen würde.

Grünes Licht für die bemannte Raumfahrt

Erbitterte Auseinandersetzungen

Noch in der Gründungsphase hatte die NASA ein unerwartetes „Geschenk" des Präsidenten mit auf den Weg bekommen, das ihre Entwicklung forcierte. Es war klar, daß die Vereinigten Staaten so schnell wie möglich einen Menschen in die Umlaufbahn bringen wollten, noch vor den Sowjets. Bei der *Air*

Force war bereits – wie erwähnt – in enger Zusammenarbeit mit dem NACA ein entsprechendes Projekt angelaufen. Lyndon B. Johnson hatte den Militärs listig die Priorität für die bemannte Raumfahrt zugesichert, um ihren Widerstand gegen die geplante zivile Behörde aufzuweichen. Inzwischen sah auch Eisenhower die Dinge anders und gab grünes Licht für die bemannte Raumfahrt, doch nicht für die *Air Force*. Am 18. August 1958 entschied er, daß ein solches Programm Aufgabe der neuen zivilen Behörde ist. Doch das Pentagon war damit nicht aus dem Rennen. Die ARPA, die Forschungs- und Entwicklungsabteilung des Verteidigungsministeriums, sollte eng in das Vorhaben eingebunden werden. Als Träger war die zu diesem Zeitpunkt noch nicht ausgereifte *Atlas*-Interkontinentalrakete vorgesehen.

Am 5. Oktober 1958 gab Glennan bekannt, daß die USA im Rahmen des Projektes *Mercury* Menschen in die Umlaufbahn bringen werden. Dieser Entscheidung vorausgegangen waren zahlreiche Konferenzen und erbitterte Auseinandersetzungen um die divergierenden Vorschläge der einzelnen Gruppen und Zentren. Den beiden Führungsspitzen, Glennan auf der zivilen und ARPA-Direktor Roy Johnson auf der militärischen Seite, gelang es schließlich, ihre „Parteien" zu einem optimalen Konzept zu bringen.

Das Team

Nun galt es, die geeigneten Führungspersönlichkeiten für die neuen Aufgaben und Programme zu finden. Stellvertreter von Glennan wurde Hugh Dryden, der letzte Direktor des NACA und renommierter Wissenschaftler. Hinzu kam Abe Silverstein vom NACA-Lewis-Center. Seine neue Funktion: Direktor der Abteilung Raumflugentwicklung. In seinem Gefolge aus Cleveland war unter anderem George M. Low, der bald darauf für Raumfahrzeuge und Flugmissionen verantwortlich war. Aus Langley stießen Robert. R. Gilruth und Maxime A. Faget zur Führungsspitze der NASA. Beide sollten über lange Zeit Schlüsselstellungen in den Projekten des bemannten Raumfluges einnehmen. Am 5. November 1958 wurde die *Space Task Group* gegründet, der engere Expertenkreis unter Gilruth, der das bemannte Unternehmen vorbereiten sollte.

Hugh L. Dryden, letzter NACA-Chef und von 1958 bis 1965 stellvertretender NASA-Administrator. Das NASA-Zentrum an der *Edwards Air Force Base* (Kalifornien), häufiger Landeplatz des Shuttles, trägt seinen Namen

Die Aufgaben

Die ehemaligen NACA-Einrichtungen waren natürlich ein wichtiges Fundament für die NASA, doch die neuen Aufgaben erforderten den Aufbau neuer Forschungs- und Entwicklungszentren sowie die Einbindung bestehender Institutionen, die sich ebenfalls mit Raumfahrtprojekten befaßten. Nahe Washington, bei Greenbelt, Maryland, entstand das sogenannte *Space Project Center*. Hier war die neue Wirkungsstätte des aus etwa 150 Personen bestehenden *Vanguard*-Teams, das vom NRL zur NASA transferiert wurde. Später erhielt die neue Einrichtung den Namen *Goddard Space Flight Center* (GSFC). Nachdem es zunächst für das Netz der Bodenstationen verantwortlich war, ist das GSFC heute das bedeutendste Zentrum für die Entwicklung von wissenschaftlichen Raumflug-Experimenten und die Überwachung von Forschungssatelliten sowie für die Sammlung und Verteilung der Daten und Ergebnisse.

Wer erreicht zuerst den Mond?

Eisenhower stand der Forcierung von Flügen zum Erdtrabanten zunächst skeptisch gegenüber: „Der Mond ist schon eine Ewigkeit dort oben und wird auch noch lange dort sein. Es macht doch keinen großen Unterschied, ob wir ihn in fünf, fünfzehn oder fünfzig Jahren erreichen."

Schwierig gestaltete sich die generelle Abgrenzung des zivilen Programms zu den geplanten Raumfahrtaktivitäten der einzelnen Waffengattungen der Militärs, die zwar das eine oder andere Projekt mit den dazugehörigen Finanzmitteln an die NASA abtreten mußten, dennoch aber ihre eigenen Pläne verfolgten. Eines der Ziele war nach wie vor die Landung auf dem Mond.

Zwei Fliegen mit einer Klappe ...

Die ARPA hatte bereits im März 1958 ein Programm in der Planung, das fünf Flüge zum Mond vorsah. Zwei Fliegen wollte man mit einer Klappe schlagen: Die Leistungsfähigkeit der Trägerraketen, die ja aus dem Waffenarsenal stammten, konnte so unter optimalen Bedingungen getestet und zugleich der Öffentlichkeit gezeigt werden, daß die Raumfahrt bei den Militärs schlechthin in besten Händen sei. Drei Missionen sollte die *Air Force* durchführen, zwei gingen an die *Army*. Die Mondsonden für die Luftwaffe waren 38 kg schwer, wovon knapp 18 kg auf die wissenschaftliche Nutzlast, darunter eine kleine Fernsehkamera, entfielen.

Die von den *Space Technology Laboratories* gebauten Sonden enthielten außerdem ein kleines Raketenaggregat, mit dem ein Einschwenken in eine Mondumlaufbahn möglich wurde.

Die *Army*-Sonden waren wesentlich einfacher konzipiert und wogen nur knapp 6 kg! Sie waren in Pasadena beim JPL entworfen und gebaut worden. Ihr Kernstück waren eine winzige Fernsehkamera mit kleiner Abtastrate sowie ein leichter Rekorder zur Zwischenspeicherung der Bilder.

Das Programm erhielt den Namen *Pioneer* und begann am 17. August 1958 mit einem Startversuch der *Air Force*. Am Cape Canaveral sah man gespannt der Weltraumpremiere der *Thor-Able*-Rakete entgegen, einer Kombination aus der ballistischen Mittelstreckenrakete *Thor* und der Oberstufenkombination *Able* aus dem *Vanguard*-Programm. Nur 77 Sekunden nach dem Abheben explodierte die Rakete in einem mächtigen Feuerball. Eine Treibstoffpumpe in der ersten Stufe hatte sich festgefressen. Der gescheiterte Versuch bekam die Bezeichnung *Pioneer 0*.

Pioneer 1 und *2*

Wußte man in den USA, daß bereits am 10. Juli 1958 in der UdSSR ein Start zum Erdtrabanten mißlungen war? Die *Air Force* setzte den nächsten Versuch für den 11. Oktober 1958 an. Koroljows Mannschaft wollte den Amerikanern zuvorkommen. Am 23. September 1958 hob die R-7-Trägerrakete in Tjuratam ab. 92 Sekunden später ging dieses Unternehmen in Rauch und Flammen auf.

Der Start am Cape Canaveral ging reibungslos vonstatten. Auch die Stufentrennung war erfolgreich. Dann aber schaltete die zweite Stufe vorzeitig ab, so daß die Energie für die Sonde nicht mehr ausreichte, um das Schwerefeld der Erde zu verlassen. 113 854 km entfernte sich *Pioneer 1* und tauchte dann 43 Stunden nach dem Start wieder in die Erdatmosphäre ein. Während des Fluges wurden Daten über die Strahlungsverhältnisse und Mikrometeoritenhäufigkeit übermittelt. Fast parallel dazu, am 12. Oktober 1958, kam es in der UdSSR zu einem Startversuch, der jedoch mißlang. *Pioneer 2*, die letzte *Air-Force*-Hoffnung, wurde am 8. November 1958 auf die Reise zum Erdtrabanten geschickt. Durch ein Oberstufenversagen erreichte die Sonde nur etwa 1500 km Höhe und fiel zur Erde zurück.

Pioneer 3

Nun kam die *Army* zum Zuge. Die Von-Braun-Truppe setzte ihre beim Start von *Explorer 1* bewährte *Jupiter-C-* bzw. *Juno*-Trägerrakete ein, die man durch einen leicht verlängerten Tank in der ersten Stufe modifiziert hatte. Das Ziel war anspruchsvoll. Die Sonde sollte nahe am Mond vorbeifliegen und in eine Umlaufbahn um die Sonne einschwenken. Am 6. Dezember 1958, exakt ein Jahr nach dem *Vanguard*-Desaster, war es soweit. Zwei Tage zuvor war in der Sowjetunion erneut ein Start gescheitert. Aber auch dem *Army*-Team, unter ihnen Harry Ruppe als Projektingenieur, heute Raumfahrt-Professor an der Technischen Universität München, und John Casani, später maßgeblich an Mond- und Planetenmissionen bis hin zum *Galileo*-Programm beteiligt, blieb ein voller Erfolg versagt. Durch einen vorzeitigen Brennschluß der ersten Stufe gelangte *Pioneer 3* nur bis in eine Entfernung von 102 333 km. Während des 38stündigen Fluges bestätigten die übermittelten Daten nicht nur die Existenz eines Strahlungsgürtels um die Erde, sondern wiesen noch auf eine weitere Region dieser energiereichen Teilchen in größerer Entfernung hin.

Raumfahrt 1958: Eine *Pioneer*-Mondsonde der *Air Force* wird in „Handarbeit" mit der Bremsrakete zum Einschwenken in den Mondorbit ausgestattet

Der erste künstliche „Kleinplanet"

Am 2. Januar 1959 gelang es der Sowjetunion endlich, mit *Luna 1* eine Sonde auf Mondkurs zu bringen. Geplant war, wie wir heute wissen, der harte Aufprall auf der Oberfläche des Erdtrabanten. Der Raumflugkörper verfehlte jedoch sein Ziel. Er zog in 6000 km Entfernung vorbei und wurde zum ersten künstlichen „Kleinplaneten" des Sonnensystems. Am 3. März 1959 startete die *Army* ihren zweiten und letzten Versuch. Er war erfolgreich. *Pioneer 4* passierte den Mond in knapp 60 000 km und schwenkte in eine Umlaufbahn um die Sonne ein. Auch diese kleine Sonde lieferte wichtige Informationen über die Strahlungsgürtel. Die Daten zeigten, daß es sich wirklich nur um relativ enge Bereiche in der Erdmagnetosphäre handelte. Der weitere Weg zum Mond war „sauber" und somit grundsätzlich frei für bemannte Expeditionen.

Obwohl sie noch ganz andere Ambitionen hatten, war damit das Thema „Mondflug" für die Militärs abgeschlossen. Bald wurde der Erdtrabant eine „NASA-Angelegenheit".

Nicht ohne Stolz weist Harry Ruppe darauf hin, daß zwei der bedeutenden amerikanischen Schritte in den Weltraum, der erste Satellit und die erste Sonde, die einen Sonnenorbit erreichte, dem Von-Braun-Team gelangen.

Die NASA bekommt Zuwachs

Das JPL

Ein erheblicher Teil der Raumfahrtplanung und -entwicklung spielte sich Ende 1958 noch außerhalb der neuen Behörde ab. Da war zum Beispiel das JPL in Pasadena, eng liiert mit der *Army*, dennoch aber mit einem exklusiven Status. Bereits im Juli 1958 bemühte sich Pickering in Washington, sein JPL mit einer Sonderstellung als „Nationales Weltraum-Laboratorium", gewissermaßen als Fundament, in die zu gründende NASA einzubringen. Wenn das nicht gelänge, so seine versteckte Drohung, würde wohl das ganze Programm in die Hände der Militärs gelangen. Jedoch kam es etwas anders, als man in Pasadena dachte. Es war die *Army* selbst, die darauf drängte, das JPL in die NASA zu überführen. Eisenhower, der die Durchführungsverordnung unterschreiben mußte, war zunächst nicht begeistert, denn er sah – durchaus logisch – nicht ganz ein, warum denn nur die eine Institution nun „zivil" werden solle und nicht die andere große Einrichtung der *Army* auch, die ABMA in Huntsville.

JPL – Der Nabel der Welt?

Glennan erinnert sich: „Das JPL bestand aus den fähigsten, energischsten jungen Wissenschaftlern, die ich je unter einem Dach versammelt sah – ohne jegliche Führung. Es war verdammt schwierig, sie mit der NASA zu verschmelzen, denn wir wollten so verfahren, wie wir es mit Ames, Lewis und anderen Zentren taten. Wir wollten, daß das JPL unabhängig bliebe, aber man sollte dort auch einsehen, daß das Institut nicht immer den Nabel der Welt bilden würde. Es dauerte lange, und es gab einige Blessuren, bis sie schließlich überredet waren ...“

Im Januar 1959 gehörten die Kalifornier schließlich zur NASA, ausgestattet mit einigen Sonderrechten. So kam es zu einem Abkommen zwischen dem CalTech und der Raumfahrtbehörde hinsichtlich der Übernahme des Instituts. Die Mitarbeiter lehnten es ab, in den Staatsdienst zu wechseln, und blieben auf eigenen Wunsch bei der Hochschule. Nicht nur diese komplexe Konstruktion sorgte für ständige Reibereien mit der Führungsspitze im fernen Washington. In Pasadena herrschte die Einstellung vor, daß man hier sehr viel mehr über Raketen und Satelliten wüßte als in den anderen Zentren und daher auch die Aufgabenstellung frei wählen könne. Es brauchte Jahre, bis sich das JPL in die NASA eingefügt hatte.

William Pickering, langjähriger Direktor des Jet Propulsion Laboratory (JPL), mit einem Modell des Explorer-Satelliten

Das Trio aus Huntsville

Von zunächst größerem Interesse für die junge Raumfahrtbehörde war es, sich der Mitarbeit des Von-Braun-Teams zu versichern, das bei der ABMA große Pläne schmiedete. Am 15. Dezember 1958 traf Keith Glennan in Washington mit deren Planungsspitze zusammen. Neben den Ex-Peenemündern von Braun und Stuhlinger saß als Leiter des Huntsviller Planungsbüros für Zukunftsprojekte der junge deutsche Ingenieur Heinz Hermann Koelle am Tisch. Er gehörte als Student zu den Mitbegründern der „Gesellschaft für Weltraumforschung“, die am 29. Januar 1948 in den Räumen der Technischen Hochschule Stuttgart ins Leben gerufen wurde. Nachdem Koelle bereits in den frühen

Wernher von Braun (Mitte) mit seinem langjährigen Stellvertreter und Nachfolger als Direktor des *Marshall Space Flight Center* Eberhard Rees (rechts) und George Mueller, von 1963 bis Ende 1969 für die bemannte Raumfahrt bei der NASA verantwortlich

fünfziger Jahren an Raketenprojekten für die *Air Force* gearbeitet hatte, folgte er 1955 einer Einladung von Brauns in die USA und rückte bald in die Führungsriege der ABMA auf. Der Titel der Präsentation, die Glennan zu hören bekam, lautete „Heutige und zukünftige Trägerraketen und ihre Möglichkeiten". Das Trio aus Huntsville erläuterte unter anderem die technischen Voraussetzungen für einen bemannten Mondflug, wobei Koelle darauf hinwies, daß es durchaus möglich sei, rasch entsprechend leistungsfähige Trägerraketen zu entwickeln. Würde man das Projekt zügig angehen, könnte, so Koelle, schon 1964 eine Raumstation die Erde umkreisen. Bereits 1967 wäre eine amerikanische Mondlandung denkbar. „Noch haben wir die Hoffnung, daß wir dann dort keine russischen Zollbeamten antreffen." Ernst Stuhlinger hob vor allem die Rolle des Menschen als Forscher im Weltraum und auf dem Mond hervor, der ein umfangreiches wissenschaftliches Programm absolvieren könne.

NASA-Chef Glennan sah sehr schnell, daß die Raumfahrtzukunft nicht ohne die ABMA-Kapazitäten zu machen war. Doch weder dort noch in ihrer „Behörde", der *Army,* war man geneigt, sich ganz in die Hände der Zivilisten zu begeben. Zusammenarbeit hatte man der NASA angeboten und zum Beispiel kräftige Unterstützung beim Projekt *Mercury* zugesagt. Den Mondflug und die dazu notwendige große Trägerrakete, das wollte man aber in eigener Regie behalten.

252 Astronauten auf dem Mond?

In einem Crash-Programm ließ General Medaris das gigantische Projekt *Horizon* aus dem Boden stampfen, das die Entwicklung einer militärischen Mondstation vorsah, in der 1967 zwölf Mann leben und arbeiten sollten. Die Planung des 6-Milliarden-Dollar-Projekts lag in den Händen des Koelle-Teams. Die Dimensionen des Vorhabens waren wahrhaft atemberaubend. Es hätte den Start von insgesamt 229 großen *Saturn*-Raketen erfordert. Bis 1967 wären 252 Astronauten in der Raumstation um die Erde, der eine wichtige Funktion zukommen sollte, und auf dem Mond zum Einsatz gekommen. Kernreaktoren sollten zum Erdtrabanten transportiert werden, um den Außenposten mit Energie zu versorgen.

Im Juni 1959 lag die fünfbändige Studie, an der übrigens von Braun persönlich nicht beteiligt war, komplett vor. Sie löste weder bei ihrem eigentlichen Auftraggeber, bei der *Army*, noch bei der Administration Begeisterung aus. Hier kulminierte gerade hinter den Kulissen die Auseinandersetzung über die Aufgabenverteilung in der Raumfahrt zwischen den einzelnen Waffengattungen und die Abgrenzung zur neuen, zivilen Behörde. Eine Schlüsselrolle kam hier dem Leiter für Forschung und Technik im Pentagon, Herbert F. York, zu. In einem Memorandum vom 9. Juni 1959 teilte er seinen Entschluß mit, das Entwicklungsprogramm der *Saturn*-Großrakete zu stoppen, da ein solcher Träger keine militärische Relevanz habe. Jeder Dollar dafür würde an anderen, naheliegenderen Projekten fehlen. Auch Wissenschaftler, an der Spitze der Präsidentenberater Jerome Wiesner, machten Stimmung gegen eine Großrakete, die zu Lasten einer zukünftigen unbemannten Weltraumforschung gehen würde. Es entstand jedoch eine seltsame Allianz für die *Saturn* und damit für eine weiter ausgreifende bemannte Raumfahrt: zwischen der NASA, zuständig für bemannte Aktivitäten, aber ohne Vollmacht für die Entwicklung von Trägerraketen, und der ARPA, verantwortlich für die militärischen Raumfahrtprogramme und der Initiator des *Saturn*-Konzepts.

Der entscheidende Vorschlag

Spannende Details zu den Vorgängen hat Herbert F. York 1971 in seinem Buch *Race to Oblivion* – „Wettlauf in die Vergessenheit" – mitgeteilt. Er war es, der folgendes

Konzept, gewiß nicht ohne Hintergedanken, vorschlug: Die ARPA sollte aufgelöst und alle militärischen Trägerraketen in die Verantwortung der *Air Force* übergeben werden. Das *Saturn*-Programm wäre am besten bei der NASA aufgehoben, die dazu das Von-Braun-Team übernehmen könnte. Dieses Konzept fand sowohl beim Verteidigungsminister als auch beim Präsidenten volle Zustimmung und natürlich auch bei der NASA. Heeresminister Brucker und ABMA-Chef General Medaris gaben ihren Widerstand auf und schlugen im September 1959 schließlich vor, nicht nur die etwa 4800 Mann der Von-Braun-Gruppe in die NASA zu überführen, sondern auch alle Einrichtungen und Fertigungskapazitäten in Huntsville. Am 21. Oktober 1959 gab Eisenhower eine diesbezügliche Entscheidung bekannt. Knapp ein Jahr später, am 8. September 1960, erhielt die nun neue NASA-Einrichtung den Namen *Marshall Space Flight Center* (MFSC), in Erinnerung an den ehemaligen Außenminister und *Army*-General George C. Marshall. Erster Direktor wurde Wernher von Braun.

Das Projekt *Horizon,* dessen Größenordnung selbst heute noch an Science-fiction erinnert, war nun Geschichte. Dennoch kam ihm, nach Einschätzung Heinz Hermann Koelles, eines seiner geistigen Väter, für die weitere Entwicklung der amerikanischen Raumfahrt erhebliche Bedeutung zu: „Es hat zur Entscheidung, zum Mond zu gehen, beigetragen... Ohne diese Studie hätte es kein *Apollo*-Programm gegeben."

Bemannte Raumfahrt – Raketenflugzeug oder „Konservenbüchse"?

Die X-Serie — In den frühen fünfziger Jahren hatte die *Air Force* mit dem NACA die Entwicklung von Raketenflugzeugen, der sogenannten X-Serie, begonnen. Damit wollte man zunächst in jenen Grenzbereich vorstoßen, der – salopp gesprochen – zwischen Luft- und Weltraum liegt. Am 17. September 1959 stieg Scott Crossfield mit der *X-15*, sie war für eine Gipfelhöhe von 85 km ausgelegt, bereits 41 km hoch auf. Es schien daher logisch, daß sich der bemannte Aufbruch in den Orbit mit dieser Technik vollziehen würde. Bei *North American Aviation*

entstand bereits 1957 auf dem Reißbrett eine *X-15B*, ein 15-t-Raketenflugzeug, mit dem zwei Piloten drei oder mehr Erdumkreisungen ausführen und dann auf dem ausgetrockneten Salzsee beim Luftwaffenstützpunkt Edwards in Kalifornien landen sollten.

Dyna Soar

Die *Air Force* selbst favorisierte das Projekt *Dyna Soar* oder *X-20*. Die Bezeichnung leitet sich von „dynamic soaring" ab, was soviel wie „dynamisches Gleiten" bedeutet. Dieser Raumgleiter sollte mit der noch in der Entwicklung befindlichen *Titan-III*-Rakete in die Umlaufbahn befördert werden, die Erde mehrfach umrunden, wieder in die Atmosphäre eintreten und wie ein Flugzeug landen. Zweifellos war das technologisch ein sinnvolles Konzept, das jedoch relativ lange Entwicklungs- und Erprobungszeiträume erforderte. Unter dem enormen Druck, den Sowjets zuvorzukommen oder zumindest nicht zu sehr ins Hintertreffen zu geraten, mußte eine schnelle Lösung gefunden werden. Sie sah zunächst wenig glanzvoll aus, da dem „Raumfahrer" nur eine passive Rolle zugedacht war. Vom „Zirkusartisten in der Kanonenkugel" bis hin zum „Büchsenfleisch" lauteten die wenig schmeichelhaften Einschätzungen für die zukünftigen Astronauten des Unternehmens *Mercury*.

Am Rande sei angemerkt, daß das *X-15*-Programm – nun erst einmal abgekoppelt von laufenden Projekten des bemannten Raumfluges – mit erstaunlichen Ergebnissen von der NASA in Zusammenarbeit mit der *Air Force* und der *Navy* weitergeführt wurde.

Der Zuschlag

Die Ausschreibungen für die Raumkapsel und die entsprechenden Subsysteme gingen am 23. Oktober 1959 an über 40 Firmen. Bis zum 11. Dezember 1959 hatten sich schließlich elf Unternehmen beworben. In der „Endausscheidung" standen nur noch die Vorschläge von *Grumman Aircraft Engineering Corporation* und von *McDonnell Aircraft Corporation* zur Diskussion. Letzteres Unternehmen erhielt am 12. Januar 1960 den Zuschlag für den Bau der *Mercury*-Kapseln. John F. Yardley war der verantwortliche Entwicklungsingenieur. Ob-

Mit den drei Einsatzversionen der *X-15* absolvierten zwölf Piloten 199 Forschungsflüge. Dabei wurde ein Geschwindigkeitsrekord von 7273 km/h (Mach 6,7) erreicht. Joe Walker stieg mit seiner Maschine am 22. August 1963 bis in eine Höhe von 108 km auf.

Die Fertigung der *Mercury*-Kapseln bei McDonnell in St. Louis

wohl es für *McDonnell* mit 18,3 Millionen Dollar ein vergleichsweise kleiner Auftrag war, bedeutete er die größte technische Herausforde-rung an die Industrie der USA in der Nachkriegszeit: 4000 Zulie-ferfirmen, darunter 596 unmittelbare Subkontraktoren aus 25 Bundes-staaten und über 1500 indirekte Subkontraktoren, lieferten Systeme und Materialien nur für die *Mercury*-Kapseln allein.

Die Deutschen mischen mit

Die Entscheidung war klar: Als Trägerrakete für die einschließlich Rettungssystem knapp 2 t schwere Kapsel kam nur die *Atlas* in Frage, die ihren ersten Testflug als ICBM am 1. Juni 1957 absolviert hatte. Sie war ein kompliziertes Aggregat mit zahlreichen Kinderkrankheiten. Erst am 28. November 1958 gelang ein Flug über die volle Distanz von 10 700 km. Drei Wochen später, am 18. Dezember, wurde als ARPA-Projekt eine *Atlas* selbst in eine Umlaufbahn gebracht. Als Nutzlast transportierte sie ein 68 kg schweres Kommunikationssystem, *Score* genannt, aus dem eine auf Band aufgezeichnete Botschaft Eisenho-wers abgestrahlt wurde. Bis die *Atlas* jedoch „man rated" wurde, das heißt qualifiziert für einen bemannten Flug, waren noch erhebliche und nervenaufreibende Erfahrungen zu sammeln. Als ein logischer erster Schritt sollte der Mission in der Umlaufbahn ein suborbitaler, ein ballistischer Flug vorangehen. Dabei erreicht die Raumkapsel eine Höhe von knapp 200 km und geht nach etwa 15 Minuten Flug zirka 500 km vom Startort entfernt nieder. Auch die Sowjets hatten diese Variante diskutiert, sich dann aber gleich für den Start in die Umlauf-bahn entschieden.

Joachim P. Küttner

Für diese Flüge griff die NASA auf eine entsprechend modifi-zierte *Redstone*-Rakete der ABMA zurück. Aber auch sie mußte erst für den Einsatz in der bemannten Raumfahrt zuverlässiger gemacht werden. Eine Schlüsselrolle kam hier Joachim P. Küttner zu, einem deutschen Testpiloten, der im Dritten Reich sowohl für Messerschmitt geflogen war als auch an Flügen mit der bemannten Version der *V1* teilgenommen hatte. Die Amerikaner hatten sich sehr rasch des viel-

Rechts:
Für die Orbitalflüge
von *Mercury* kam die
Atlas zum Einsatz,
ursprünglich konzipiert
als Interkontinental-
rakete. Es erforderte
erheblichen Aufwand,
sie für die bemannten
Missionen zu modi-
fizieren

seitigen Wissenschaftlers versichert, der Studiengänge in Jura, Physik und Meteorologie mit Promotionen abgeschlossen hatte, bevor er sich der Fliegerei verschrieb. Er war zunächst als Testpilot im Cambridge-Forschungszentrum der *Air Force* tätig, bis ihn von Braun zur ABMA holte.

Küttner und seine Mitarbeiter entwickelten eine Sicherheitsphilosophie, die zwei sehr verschiedene Technologien verknüpfen mußte. Auf der einen Seite war da die Rakete, konzipiert als Waffenträger mit hoher Zielgenauigkeit, auf der anderen der Mensch in einem System, das in erster Näherung mit den Verhältnissen in der Luftfahrt beim Überschallflug vergleichbar war. Zu dieser Zeit hatte man dem zukünftigen Raumfahrer nur die Rolle eines reinen Passagiers zugedacht. Automatischen Sicherheitssystemen kam daher in der Planung entscheidende Bedeutung zu. Nicht anders waren übrigens auch die Überlegungen in der Sowjetunion.

Bernhard A. Hohmann

Auf der anderen Seite des Kontinents, in Kalifornien, lag bei der *Air Force* die Verantwortung für die *Atlas*. Nicht genug, daß man noch erhebliche Mühe hatte, das bei *Convair/General Dynamics* produzierte Gerät wirklich als ICBM zu perfektionieren, galt es, nun zusätzlich eine Version zu entwickeln, die Menschen sicher in den Orbit tragen sollte. Verantwortlich auch hier ein ehemaliger deutscher Testpilot, Bernhard A. Hohmann, der im Zweiten Weltkrieg Projektingenieur für die ersten beiden Modelle des Raketenflugzeugs *Messerschmitt-163* war.

Major General Osmond J. Ritland von der *Air Force Ballistic Missile Division* delegierte im August 1959 Hohmann für diese der Luftwaffe gar nicht in den Kram passende Aufgabe ab. Hohmanns Team, eine höchst effiziente Mischung von einigen deutschen und vielen jungen amerikanischen Ingenieuren, bekam die *Atlas* für die kurze und bedeutende Episode ihrer langen Geschichte in den Griff. Die Achse Küttner–Hohmann hat für die Sicherheit der amerikanischen bemannten Raumfahrt – und das gilt vom Grundsätzlichen her bis zum *Skylab*-Programm – entscheidende Maßstäbe gesetzt.

„Die Helden der Nation"

Tom Wolfe merkt in seinem Buch „Die Helden der Nation" treffend an:
„Die NASA war bereit, den Aufruf zu erlassen, als sich Präsident Eisenhower selbst einmischte. Er sah ein Tollhaus voraus. Jeder Irre in den USA würde sich dazu freiwillig für diese Sache melden. Jeder Wichtigtuer im Kongreß würde einen Lieblingssohn über den grünen Klee loben und für den Job anpreisen. Es würde ein Chaos werden. Der Auslesevorgang könnte Monate dauern, und der unvermeidliche Prozeß der Abklärung der Sicherheitsfrage würde noch ein paar mehr in Anspruch nehmen. Ende Dezember wies Eisenhower die NASA an, die Astronauten aus den bereits im Dienst befindlichen 540 militärischen Testpiloten auszuwählen, auch wenn diese für die Aufgabe mehr als überqualifiziert seien. Der springende Punkt dabei sei, daß ihre persönlichen Daten sofort verfügbar seien, die Sicherheitsfrage bereits abgeklärt wäre und man sie von heute auf morgen nach Washington abkommandieren könnte."

Die „Glorreichen Sieben"

Für die Auswahl der zukünftigen Raumfahrer hatten die Luftfahrtmediziner einige der Grundvoraussetzungen fixiert. Die NASA faßte ihre Vorstellungen in einem Dokument vom 22. Dezember 1958 zusammen. Danach sollte die „Stellung" öffentlich ausgeschrieben werden, wobei den Kandidaten, je nach Qualifikation, „Beamtengehälter" der Vergütungsgruppen GS-12 bis GS-15, entsprechend 8330 bis 12770 Dollar pro Jahr, angeboten wurden. Nur Männer, kleiner als 1,80 m, zwischen 25 und 40 Jahre alt, kamen in Frage. Ausreichend war ein College-Abschluß in einem naturwissenschaftlichen Fach oder drei Jahre Erfahrung als Ingenieur oder Techniker in Forschung und Entwicklung. Der Kreis der Anzusprechenden wurde groß gewählt: Testpiloten, U-Boot-Fahrer, Arktisforscher, Bergsteiger, Tiefseetaucher konnten sich ebenso bewerben wie Männer, die als Testpersonen für Beschleunigungs- und Druckversuche in den Laboratorien der Streitkräfte gedient hatten. Offensichtlich waren physische und psychische Belastbarkeit sowie adäquates Reaktionsvermögen die primären Kriterien.

Die Voraussetzungen

Anfang Januar 1959 trafen sich Experten der Militärs und der NASA, um die Anordnung Eisenhowers umzusetzen. Man einigte sich auf sieben klare Kriterien für die Astronautenauswahl:

1. Alter unter 40 Jahre.
2. Größe unter 1,80 m.
3. Hervorragender Gesundheitszustand.
4. College-Absolvent (Bachelor) oder entsprechendes Äquivalent.
5. Erfolgreicher Abschluß an der Testpilotenschule.
6. 1500 Flugstunden.
7. Qualifizierter Pilot für Düsenflugzeuge.

Die Zahl schrumpft

Das Pentagon ermittelte schnell, daß 110 Piloten diese Voraussetzungen erfüllten. War diese Zahl groß genug, um schließlich zwölf Kandidaten für die engere Wahl herauszufiltern? Es gab Zweifler bei der NASA, denn es waren ja Freiwillige, die aus diesem Kreis kommen sollten. Bereits nach dem ersten Durchgang der Tests war die Zahl der Aspiranten auf 56 und bald darauf auf 31 geschrumpft. 18 Piloten kamen in die letzte Auswahlrunde, sieben von ihnen schließlich wurden für *Mercury* nominiert. Dem Rest wurde freigestellt, sich für zukünftige Programme zu bewerben. Die zukünftigen Astronauten präsentierten sich am 28. Mai 1959 vor dem Kongreßausschuß für Wissenschaft und Astronautik: John H. Glenn (*US Marine Corps*), Walter M. Schirra jr., Alan B. Shepard und M. Scott Carpenter (alle *Navy*) sowie Donald K. Slayton, L. Gordon Cooper und Virgil I. Grissom (alle *Air Force*). Glenn war nicht nur der Älteste, sondern hatte auch die spektakulärste fliegerische Laufbahn vorzuweisen. Ihm fiel daher als „Senior-Astronaut" die Funktion des Verbindungsmanns der Gruppe zum *Mercury*-Planungsteam zu.

Die ersten „Raumfahrttester": Affen

Im Rahmen des *Mercury*-Programms gab es im Zeitraum vom 21. August 1959 bis zum 15. Mai 1963 insgesamt 26 Starts, der überwiegende Teil waren reine Systemtests. 20 Flüge waren ballistischer

Natur, fünf gelangten planmäßig in die Umlaufbahn, eine unbemannte Orbitalmission scheiterte. Zehn „Astronauten" kamen zum Einsatz.

Im Gegensatz zur Sowjetunion, die sowohl in ihrem Versuchsprogramm mit Höhenforschungsraketen als auch zum Test ihrer ersten Raumschiffgeneration für den bemannten Flug Hunde einsetzte, zogen die Amerikaner Affen vor. Das ging letztlich auf die Schule der deutschen Luftfahrtmediziner zurück, die – weit weniger im Rampenlicht stehend – ebenso wie das Von-Braun-Team in der Raketentechnik entscheidende Maßstäbe in der frühen Luft- und Raumfahrtmedizin der USA gesetzt haben. Primaten konnten so dressiert werden, daß sie auf äußere Reize hin einfache Befehle ausführten, und diese Aufgabe fiel ihnen bei den Flugtests im *Mercury*-Programm zu.

Sam und „Miß Sam"

Am 4. Dezember 1959 hob vom Startgelände Wallops Island, vor der Küste Virginias, das System *Little Joe 2* ab, mit dem im ballistischen Flug das Rettungssystem der *Mercury*-Kapsel getestet werden sollte. An Bord befand sich der Rhesusaffe Sam. Die Systeme funktionierten. Sam erreichte in der Kapsel eine Scheitelhöhe von 85 km und war etwa drei Minuten der Schwerelosigkeit ausgesetzt. Er konnte sicher geborgen werden.

Ein anderes Problem war jedoch noch zu klären: Was passierte, wenn es in einer frühen Flugphase, im Moment maximaler Belastung, zu einem Versagen der Rakete käme? Würde dann das Rettungssystem sofort in Aktion treten? Als die NASA ankündigte, diese Situation im Flug zu testen, war die Neugier der Medien geweckt, die hier den Einsatz eines Menschen vermuteten oder erhofften. Doch als am 21. Januar 1960 *Little Joe 1B* startete, saß „Miß Sam", eine gut trainierte Rhesusäffin, in der Kapsel. In 14 km Höhe war der kritische Punkt gegeben. Der Fluchtturm wurde sofort aktiviert und brachte die Kapsel aus der potentiellen Gefahrenzone. Während des 8,5 Minuten langen Fluges hatte „Miß Sam" trotz der starken Belastungen durch die Beschleunigungskräfte und den Lärm exzellent reagiert, so zum Beispiel in der kritischen Phase auf ein Lichtsignal hin einen Hebel bedient. 45 Minuten nach dem Start war sie wieder wohlbehalten in Wallops Island angelangt.

Ham

Auch dem Höhepunkt des *Mercury*-Programms, den bemannten Missionen, gingen Primatenflüge voraus. Hier kamen Schimpansen zum Zuge. Am 31. Januar 1961 wurde das System *Redstone*-Rakete/ *Mercury*-Kapsel unter realistischen Bedingungen am Cape Canaveral getestet. An Bord des *MR-2*-Fluges, so die offizielle Bezeichnung, war Ham, der noch vor dem Abheben mit so ziemlich allen Problemen konfrontiert wurde, die später auch den Astronauten begegnen. Technische Störungen sorgten für lange Startverzögerungen, die der Affe in seinem Raumanzug überraschend geduldig ertrug.

Unmittelbar nach dem Start stellte sich heraus, daß die *Redstone* unter steilerem Winkel als geplant aufstieg. Ham wurde dadurch einer sehr viel größeren Andruckbelastung ausgesetzt. Es war ein Horrorflug, bei dem unter anderem die Sauerstoffversorgung in der Kapsel zusammenbrach, der Passagier jedoch durch seinen Raumanzug geschützt wurde. Das Raumschiff war sehr viel schneller als vorgesehen und erreichte eine Höhe von 251 km statt der geplanten 185 km. Der Schimpanse war so 1,7 Minuten länger der Schwerelosigkeit ausgesetzt. Nach 16,5 Minuten Flug ging die Kapsel, nachdem sie 216 km über den Zielpunkt hinausgeflogen war, nieder. Kein Mensch war jedoch in Sicht, um sie zu bergen. Erst eine halbe Stunde nach der Wasserlandung entdeckte ein Suchflugzeug die *Mercury*. Etwa 2,5 Stunden nach der Landung konnte sie mit Hilfe von Hubschraubern geborgen werden. An Bord des Bergungsschiffs *U.S.S. Donner* wurde

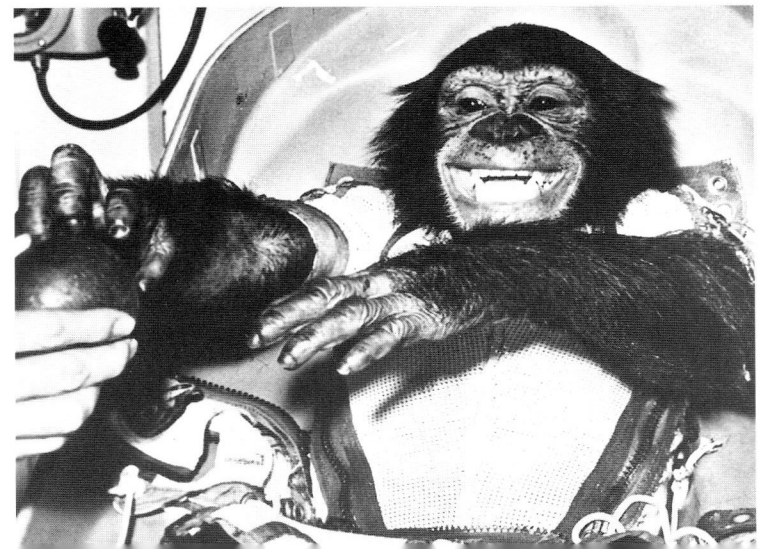

Am Ende eines anstrengenden Fluges: Ham greift mit Behagen nach einem Apfel

Ham aus der Kapsel befreit und verspeiste sogleich mit Behagen einen Apfel und eine Orange. Die Raumfahrtmediziner waren mit ihm sehr zufrieden. Er hatte über 50 Kommandos einwandfrei ausgeführt und nur zweimal nicht „pariert". Seine Reaktionsfähigkeit entsprach mit 0,82 Sekunden fast jener, die mit 0,80 Sekunden am Boden gemessen wurde. Ham hatte gezeigt, daß ein Schimpanse selbst einen ballistischen Flug, der extrem von der Norm abwich, unbeschadet überstehen konnte. Sollte es bei einem Menschen anders sein?

Unzufrieden mit dem Ausgang des *MR-2*-Fluges waren die für die *Redstone* verantwortlichen deutschen Ingenieure wie Wernher von Braun, Kurt Debus als Startdirektor am Cape, Joachim Küttner und Emil Bertram. Sie teilten nicht die Meinung der meisten NASA-Verantwortlichen, wonach die Rakete nun für den bemannten ballistischen Flug qualifiziert sei. Doch in Washington sah man es anders: *MR-3* sollte bereits einen Astronauten auf die kurze Reise bringen.

NASA ohne Chef

Hams Flug war in die Zeit einer „kopflosen" NASA gefallen. T. Keith Glennan war am 20. Januar 1961 aus dem Amt geschieden und ging wieder als Präsident an das Case Institute of Technology zurück. Sein Nachfolger, James T. Webb, übernahm den Chefsessel offiziell erst am 14. Februar 1961. Der Grund dieses Wechsels: In das Weiße Haus war gerade ein neuer Mann eingezogen, der das mäßige Interesse seines Vorgängers an der Raumfahrt zunächst zu teilen schien: John F. Kennedy.

Fehler im System

Problemlos verkraftete Enos die starken Beschleunigungskräfte in der Aufstiegsphase. Sein „Arbeitsprogramm", das Bedienen von Hebeln beim Aufleuchten bestimmter Symbole, ließ sich zunächst gut an. Auch für die „Belohnung" in Form von Bananenscheiben und Trinkwasser mußte Enos arbeiten. Wenn der Affe nicht korrekt reagierte, wurde er durch kleine Stromstöße „bestraft". Im Verlauf des Fluges trat jedoch in einem dieser Testsysteme ein Fehler auf. Obwohl Enos den betreffenden Hebel richtig bediente, bekam er einen elektrischen Schlag. 36 bzw. 43 aufeinanderfolgende Stromstöße wurden ihm in zwei Sitzungen „irrtümlich" verpaßt. Dennoch absolvierte das geschockte und frustrierte Tier sein Programm konsequent weiter.

Enos

Als zum vierten und letzten Mal in der bemannten Raumfahrt ein Primat zum Einsatz kam, war bereits Entscheidendes geschehen: Zwei sowjetische Kosmonauten hatten inzwischen die Erde umkreist und die USA mit klarem Vorsprung auf den zweiten Platz verwiesen. Zwar hatten inzwischen zwei Amerikaner ballistische Flüge absolviert, die Öffentlichkeit aber wartete mit Spannung und voller Ungeduld auf die erste Orbitalmission. Doch die Weltraumbehörde gab dem politischen und publizistischen Druck nicht nach: Bevor der erste US-Astronaut mit der keinesfalls hundertprozentiges Vertrauen erweckenden *Atlas*-Rakete in die Umlaufbahn ging, mußte das System mit einem Schimpansen erprobt werden.

Am 28. November 1961 war die große Stunde für Enos gekommen. Die NASA sah in dieser Mission mehr als nur einen Test der Rakete und der Kapsel: Das gesamte Netz der Bodenstationen sollte im Zusammenspiel seine Funktionsfähigkeit beweisen. Die Astronauten übernahmen sowohl in den Stationen als auch im Kontrollzentrum wichtige Aufgaben. Der Countdown für den *Atlas*-Start verlief auch hier wahrhaft abenteuerlich. Nach diversen Verzögerungen und Fehlalarmen hob *MA-5* endlich ab.

Während der zweiten Erdumkreisung begannen sich die technischen Probleme in der Kapsel zu häufen. Die Lagestabilisierung, entscheidend für die Rückführung der *Mercury* zur Erde, schien außer Kontrolle zu geraten. Ähnliches zeichnete sich für Wärmeregulierung ab. Langsam begann die Körpertemperatur von Enos zu steigen und konnte erst bei knapp 38°C stabilisiert werden. Nach zwei Erdumrundungen – 193 Minuten Flug – ging die Kapsel am Fallschirm im Atlantik recht genau im Zielgebiet nieder und wurde 15 Minuten nach dem Wassern geborgen. Der Schimpanse war in guter Verfassung und hatte sich, so die Raumfahrtmediziner, bestens bewährt. Wie kaum anders zu erwarten, stand Enos nun im Mittelpunkt des Medieninteresses, das er offensichtlich genoß. Bei der NASA wurde der Flug als Erfolg gewertet: Die aufgetretenen Probleme hätte ein Astronaut an Bord rasch korrigieren können. Auch die Missionsüberwachung rund um den Erdball sowie die Bergungsaktion seien fast perfekt nach Plan verlaufen. Konnte man nun endlich das Tempo des Programms beschleunigen, um den Sowjets Gleichwertiges entgegenzusetzen?

Die Sowjets diktieren das Tempo

Das Raumfahrtprogramm der UdSSR hatte zu dieser Zeit zwei klar erkennbare Ziele: Menschen in den Orbit zu bringen und den Mond zu erkunden. Schwere Satelliten mit Hunden an Bord und deren Rückführung zur Erde, mit wechselndem Erfolg, waren das Vorspiel zum Start eines Menschen. Drei Mondmissionen, Vorbeiflug, harte Landung und Fotografie der Rückseite des Erdtrabanten waren weltweit nicht ohne Eindruck geblieben. Erst Jahrzehnte später wurde bekannt, daß diese Erstleistungen von zahlreichen Fehlschlägen begleitet waren.

Die NASA-Absichten lagen für jedermann offen. Bereits im Oktober 1959 war innerhalb der Raumfahrtbehörde eine Entscheidung für das mittelfristige Ziel einer bemannten Mondlandung gefallen.

In Huntsville hatten bereits die Entwicklungsarbeiten an einer schubstarken Trägerrakete begonnen. H. H. Koelle und sein Team hatten hier ein konkretes Konzept vorgelegt. Mit zehn Millionen Dollar von der ARPA nahm dann das Projekt *Saturn* im Herbst 1958 langsam Formen an. Politisch unterstützt wurde ein bemanntes Mondflugprogramm durch das Aufsichtsgremium für die Luft- und Raum-

Schnell bemannt zum Mond

John M. Logsdon, der 1970 eine detaillierte Analyse zur Entscheidung der USA, relativ schnell bemannt zum Mond zu fliegen, vorgelegt hat, merkt in diesem Zusammenhang an: „Obwohl die Planer der NASA, was die politische Führung betraf, fast in einem Vakuum arbeiten mußten, beschlossen sie die Mondlandung volle zwei Jahre früher, als Präsident Kennedy seine Entscheidung für die Mondlandung als nationales Ziel verkündete."

fahrt, das *National Aeronautics and Space Council*. Hier führte zwar der diesem Programm ablehnend gegenüberstehende Präsident den Vorsitz, doch die entsprechenden Ausschüsse des Senats und des Repräsentantenhauses wurden, mit Lyndon B. Johnson beziehungsweise Overton Brooks an der Spitze, von zwei energischen Verfechtern des Mondflugs geleitet. Sie verhinderten auch, daß Eisenhower das *Council* kurzerhand abschaffte.

James T. Webb,
NASA-Chef von 1961
bis 1968

Ein neuer NASA-Chef

Am 8. November 1960 war John F. Kennedy zum 35. Präsidenten der Vereinigten Staaten gewählt worden. Er hielt am *Council* fest und ernannte Johnson, nun Vizepräsident, zu seinem Vorsitzenden. Bei ihm war die Raumfahrt in besten Händen. Auch ein neuer NASA-Chef mußte gefunden werden: ein renommierter Wissenschaftler oder eine Persönlichkeit mit politischem Geschick und hohem Organisationstalent? In der NASA selbst favorisierte man Hugh Dryden. Doch Kennedy ließ sich Zeit. Wenige Tage vor der Amtseinführung machte Johnson dann Druck. Der Präsident folgte seinem Vorschlag und ernannte mit James T. Webb einen Mann, der eine breitbandige Karriere sowohl im politischen Washington, unter anderem Staatssekretär in der Truman-Administration, als auch in der Industrie vorweisen konnte. Ein Glücksgriff, wie sich bald herausstellen sollte.

Unterstützung gesichert

Webb, der sogleich Dryden zu seinem Stellvertreter machte, bestand von Anfang an darauf, direkten Zugang zum Präsidenten zu haben. Sein Ziel war es, den Einfluß der diversen Interessengruppen auf die NASA, von den Militärs über die Parlamentsausschüsse bis hin zu den Wissenschaftsorganisationen, auf das Notwendigste zu reduzieren. Andererseits verstand es Webb ausgezeichnet, sich der Unterstützung der mächtigsten Männer dieser Gruppen zu versichern: Verteidigungsminister Robert McNamara und Lloyd Berkner, verantwortlich für die Weltraumdisziplinen in der Nationalen Akademie der Wissenschaften. Gerade aus dieser einflußreichen Institution, in der es durchaus starke Vorbehalte gegen die bemannte Raumfahrt gab, kam im Februar 1961 eine klare Empfehlung für das Mondflugprojekt.

Notwendiger Etat

Am 22. März 1961 trafen Kennedy und Johnson mit der Führungsspitze der NASA, Webb, Dryden und Robert C. Seamans, zu einem Gespräch zusammen, in dem es um den Etat der Weltraumbehörde für 1962 ging. Für den Präsidenten, beschäftigt mit Kuba und Laos, war das Thema „Raumfahrt" zu diesem Zeitpunkt kaum mehr als eine Routineangelegenheit. Zwar wurde der NASA-Etat aufgestockt, für eine kräftige Finanzspritze in die weitere Entwicklung eines Mondlandeprojekts war Kennedy aber nicht zu begeistern. Doch seine Haltung sollte sich sehr schnell ändern.

„man rated"

In der UdSSR war es nicht verborgen geblieben, daß die NASA für Ende April den ersten ballistischen Flug eines Astronauten anvisiert hatte. Am 24. März 1961 hatte es auf Drängen von Brauns und Gilruths mit einem Start von Cape Canaveral noch einmal einen Test der *Mercury-Redstone* mit einem Kapselmodell, der sogenannten *Boilerplate*, gegeben. Nach dem erfolgreichen Flug wurde die Rakete für „man rated" erklärt, qualifiziert für die bemannte Mission. Anfang April wurde der Träger für diesen Flug an die Rampe 5 gebracht, und im Hangar S am Cape liefen die Vorbereitungen der Astronauten.

Ein Präsident muß handeln

Am 10. April waren aus Moskau Gerüchte über einen gerade begonnenen oder unmittelbar bevorstehenden bemannten Raumflug zu hören. Ein anderes Gerücht kursierte ebenfalls am 10. April bei den Verantwortlichen für das *Mercury*-Programm: Danach hatte ein vom Präsidenten eingesetztes Komitee unter Donald F. Hornig zur Durchleuchtung des Projekts angeblich empfohlen, vor dem Start eines Menschen noch mindestens 50 Versuche mit Schimpansen zu machen. Bob Gilruths lakonischer Kommentar: „Wenn das wahr ist, sollten wir das *Mercury*-Programm gleich nach Afrika verlegen." In dem 18seitigen Hornig-Report, der am 12. April vorgelegt wurde, stand davon jedoch nichts. Er enthielt eine relativ kritische Bestandsaufnahme des Programms, die zweifellos noch Anlaß zur Diskussion gegeben hätte.

Doppelter Prestigeverlust Am gleichen Tag, allerdings für die Ostküste der USA noch zu nachtschlafender Zeit, war aus Moskau die offizielle Meldung vom Start des Raumschiffs *Wostok* mit Juri Gagarin an Bord gekommen. Die zunächst knappe Berichterstattung aus der UdSSR ließ bei den Medien zwischen New York und San Francisco Zweifel an der Realität des Ereignisses aufkommen. Sie klingelten sofort die NASA-Prominenz aus ihren Betten. Um 7.45 Uhr Ostküstenzeit gratulierte James Webb über die landesweiten Fernsehnetze den sowjetischen Kollegen und bedauerte für die Weltraumbehörde, wieder überrundet worden zu sein. Allerdings werde man – so der NASA-Chef – hinsichtlich *Mercury* nicht in Hektik oder gar Panik verfallen. Die politische Schelte ließ jedoch nicht lange auf sich warten. Webb und Dryden, vor

„Gibt es nichts, womit wir sie schlagen können?"

Am 20. April 1961 schrieb Kennedy eine Notiz an seinen Vizepräsidenten, die eine Lawine auslösen sollte:

„Entsprechend unseren Absprachen möchte ich Sie als Vorsitzenden des *National Aeronautics and Space Council* bitten, einen Gesamtüberblick über unsere Raumfahrtsituation erstellen zu lassen.

1. Haben wir eine Chance, die Sowjets zu schlagen, indem wir ein Labor im Weltraum errichten oder durch einen Flug um den Mond oder durch eine Rakete zur Landung auf dem Mond, die einen Menschen hin- und zurückbringt?

2. Existiert irgendein Weltraumprogramm, das dramatische Resultate verspricht, mit dem wir gewinnen könnten?

3. Was würde es zusätzlich kosten?

4. Arbeiten wir an bestehenden Programmen 24 Stunden am Tag? Wenn nicht, warum nicht? Wenn nicht, machen Sie mir bitte Vorschläge, wie die Arbeit beschleunigt werden kann.

5. Sollten wir beim Bau großer Raketen den Schwerpunkt auf nukleare, chemische oder flüssige Treibstoffe oder eine Kombination aus allen dreien legen? Werden maximale Anstrengungen unternommen? Erzielen wir die notwendigen Resultate?

Ich habe Jim Webb, Dr. Wiesner, Verteidigungsminister McNamara und andere verantwortliche Regierungsmitglieder gebeten, uneingeschränkt mit Ihnen zusammenzuarbeiten. Ich möchte gern zum frühestmöglichen Zeitpunkt Ihren Bericht bekommen.

gez. John F. Kennedy"

den Weltraumausschuß des Repräsentantenhauses zitiert, kamen unter schweren verbalen Beschuß und zogen sich auf die Einschätzung zurück, daß dieser spezielle Wettlauf bereits verloren gewesen sei, bevor die NASA gegründet wurde.

Auch Kennedy war alles andere als begeistert. Doch es sollte noch schlimmer kommen: Am 15. April 1961 begann die Invasion in der Schweinebucht in Kuba, die vier Tage später mit einem totalen Fiasko für die Exilkubaner und ihre amerikanischen Hintermänner endete. Wie konnte man diesen doppelten Prestigeverlust wieder wettmachen? „Gibt es nichts, womit wir sie schlagen können?" Wieder und wieder stellte der Präsident seinen Beratern die Frage. War es der Flug zum Mond, oder sollten es näherliegende „irdische" Projekte sein, wie zum Beispiel die Entsalzung der Ozeane?

Johnson holte sehr schnell Stellungnahmen der führenden Experten und Entscheidungsträger ein, wobei das konkreteste und deutlichste Papier von Wernher von Braun stammte.

Noch bevor der Vizepräsident seine Antwort formuliert hatte, kam es zur schweren Panne im *Mercury*-Programm.

Die letzte *Mercury*-Panne

Am 25. April 1961 wurde eine *Atlas*-Trägerrakete mit der Kapsel an der Spitze unbemannt gestartet. An Bord befand sich ein einfaches Robotsystem, ein „elektronisches Mannequin", mit dem einige Funktionen des Astronauten simuliert werden können. Zwei Erdumkreisungen waren für die *MA-3* vorgesehen, doch kurz nach dem Start versagte der Autopilot der *Atlas*, so daß die Rakete nicht in korrekte Fluglage schwenkte. 40 Sekunden nach dem Abheben sprengte der Sicherheitsoffizier in 5000 m Höhe die Rakete. Das Rettungssystem funktionierte ausgezeichnet, so daß die am Fallschirm niedergehende Kapsel geborgen und nach der Überholung erneut verwendet werden konnte.

„Führungsrolle noch in diesem Jahrzehnt"

Inzwischen hatte es Diskussionen zwischen Kennedy und Johnson gegeben. Der Präsident war noch immer der Meinung, auch „kleinere" Projekte, wie zum Beispiel eine bemannte Raumstation, könnten spektakulär genug sein. Der

Flug zum Mond war teuer, und würde er überhaupt die notwendige Unterstützung im Kongreß und im Lande finden? Der Vizepräsident wußte genau, was er wollte. Einleitend schrieb er in seiner Antwort:

„Die Vereinigten Staaten verfügen über größere Ressourcen als die UdSSR, um die führende Position in der Raumfahrt zu erreichen. Amerika hat es jedoch versäumt, die notwendigen Entscheidungen zu treffen und die Mittel zur Erlangung dieser Führungsposition zu erreichen.

Wir in den Vereinigten Staaten sollten realistisch sein und erkennen, daß sich andere Nationen, unabhängig davon, ob sie unsere Anschauungen teilen oder nicht, jenem Staat anschließen werden, den sie in wirtschaftlicher oder technologischer Hinsicht als Vormacht ansehen... Dramatische Leistungen im Weltraum werden zunehmend als wichtiger Hinweis auf eine Führungsrolle in der Welt angesehen.

Wenn sich die Vereinigten Staaten entschließen, ihre Ziele festzulegen, und die entsprechenden Mittel einsetzen, haben sie gute Aussichten, noch in diesem Jahrzehnt die Führungsrolle im Weltraum zu übernehmen.“

Die historische Entscheidung

Der erste ballistische Flug

Am 5. Mai 1961 wurden die letzten Zweifel des Präsidenten hinsichtlich der Resonanz eines aufsehenerregenden Weltraumprogramms in der Öffentlichkeit ausgeräumt. An Bord von *Mercury-Redstone 3* startete endlich am Cape Canaveral Alan Shepard zum ersten ballistischen Flug. Vorangegangen war ein Gerangel vor und hinter den Kulissen, wer denn nun die Nummer eins sein würde. Robert C. Seamans, der dritte Mann in der NASA-Hierarchie, machte allen Spekulationen ein Ende, indem er ankündigte, daß jeder der sieben Auserwählten seine Flugchance bekäme. Die Öffentlichkeit mußte jedoch bis zum vorgesehenen Starttermin warten, bis der Name des ersten Raumfahrers publik wurde. Geplant war der Start von *MR-3* am 2. Mai, schlechtes Wetter jedoch erzwang einen Abbruch des Countdowns. Erst zu diesem Zeitpunkt ließ Gilruth die Katze aus dem Sack und gab bekannt, wer der erste Astronaut sein würde. Auch für den nächstmöglichen Startzeitpunkt, den 4. Mai, waren die Wetterprognosen ungünstig, so daß sich die NASA für einen Start am 5. Mai entschied.

Wie nicht anders zu erwarten, kam es zu Unterbrechungen im Countdown. Das Wetter machte Probleme, eine Komponente im elektrischen System mußte ausgetauscht werden, und schließlich wurde in einem der beiden IBM-7090-Computer im Goddard-Raumflugzentrum ein Fehler entdeckt. Vier Stunden und 14 Minuten hatte Alan Shepard bereits in seiner engen Kapsel, die den Namen *Freedom 7* erhalten hatte, zugebracht, bis es endlich soweit war: Problemlos hob die *MR-3* ab. Auf dem Höhepunkt des kurzen Fluges, 186 km über der Erde, galt es, eine kritische Frage im Versuch zu beantworten: War der Astronaut imstande, die Lagekontrolle des Raumschiffs per Handsteuerung durchzuführen? Shepard zeigte, daß es einwandfrei möglich war. Kleinere Probleme traten auf, vor allem in der Eintrittsphase. Nach 15 Minuten und 18 Sekunden landete *Freedom 7* jedoch ziemlich genau am vorausberechneten Zielpunkt im Atlantik und konnte schnell geborgen werden. Elf Minuten nach dem Wassern war die Kapsel bereits an Bord des Flugzeugträgers *Lake Champlain*. Zu den ersten Gratulanten zählte Kennedy, der den Flug am Bildschirm verfolgt hatte.

Alan Shepard geht nach erfolgreichem Flug an Bord des Flugzeugträgers *Lake Champlain*

Der Weltraum als Schlüssel für die Zukunft

Zum Thema „Weltraum" führte Kennedy in seiner berühmten Rede unter anderem aus: „Jetzt ist es an der Zeit, längere Schritte zu machen; Zeit für ein großes, neues amerikanisches Unternehmen; Zeit für diese Nation, eine eindeutig führende Rolle im Weltraum einzunehmen, der in vieler Hinsicht auch der Schlüssel für unsere Zukunft auf der Erde ist... Ich glaube, diese Nation sollte sich dem Ziel verschreiben, noch vor Ende dieses Jahrzehnts einen Menschen auf dem Mond zu landen und sicher zur Erde zurückzubringen. Kein Raumfahrtprojekt dieser Periode wird eindrucksvoller für die Menschheit oder wichtiger für die längerfristige Erkundung des Weltraums sein, und keines wird schwerer oder mit mehr finanziellem Aufwand auszuführen sein."

Mondlandung als nationales Ziel

Nur wenige Tage später überreichte Johnson seinem Präsidenten den Vorschlag für ein umfangreicheres Raumfahrtprogramm mit dem Schwerpunkt eines bemannten Fluges zum Mond. Unterzeichnet war das Memorandum von McNamara und Webb, die, obwohl sie enge gemeinsame Interessen verbanden, ein sehr kühles Verhältnis zueinander hatten. Der Verteidigungsminister hatte übrigens im Verlauf der Diskussion auch sehr stark für einen raschen Aufbruch vom Menschen zum Mars plädiert. Am 10. Mai gab Kennedy seine Zustimmung. In einer Sondersitzung des Kongresses am 25. Mai 1961 hielt er dann seine berühmt gewordene Rede über „Dringende nationale Erfordernisse".

Das *Apollo*-Projektbüro, seit September 1960 offiziell der *Space Task Group* (STG) der NASA zugeordnet, konnte nun aus dem Schatten von *Mercury* treten. Befürchtungen wurden laut, daß es bald allmächtig werden und alle bemannten Aktivitäten in sich aufsaugen könnte. Ein neue Organisationsstruktur für die bemannte Raumfahrt wurde dringend erforderlich. Die STG in Langley war inzwischen auf knapp 800 Mitarbeiter angewachsen, doch ihre Verantwortung beschränkte sich bis zu Kennedys Entscheidung allein auf das Projekt *Mercury*. Erst im September 1961 war aus der STG ein eigenständiges Zentrum geworden, das *Manned Spacecraft Center*, um dessen Sitz es einigen politischen Schlagabtausch gab. Die Wahl von Houston (Texas) läßt unschwer erraten, wer diese Entscheidung durchgedrückt hat.

Die Aufholjagd beginnt

Von der „Beinahekatastrophe" zum ersten Orbitalflug

Der zweite ballistische Flug

Mitte Juli 1961 liefen die Vorbereitungen für den zweiten ballistischen Flug auf Hochtouren. Am 15. Juli gab Gilruth bekannt, daß Virgil „Gus" Grissom auf *MR-4* fliegen und John Glenn der Ersatzmann sein würde. Die *Liberty Bell* war eine verbesserte Version der Kapsel. Sie hatte ein richtiges Fenster sowie einen neuen Satz von Steuerhebeln, ergonomisch sinnvoller an die Arbeitsgewohnheiten von Testpiloten angepaßt. Man hatte die Einstiegsluke mit einem Satz von Explosiv-Verschlußbolzen versehen, so daß sie der Astronaut nach der Wasserung absprengen konnte.

Schlechtes Wetter sorgte für Startverschiebungen. So saß Grissom am 19. Juli bereits in der Kapsel, die Wolkendecke riß jedoch nicht auf. Der Astronaut mußte wieder aussteigen. Am 21. Juli konnte – nach einigen Unterbrechungen im Countdown – der Start erfolgen. Der Flug verlief analog dem von Shepard. Grissom hatte keine Schwierigkeiten, innerhalb der 15 Minuten alle Aufgaben zu erfüllen. Nach dem Wassern, nur knapp 5 km vom berechneten Zielpunkt entfernt – der Rettungshubschrauber *Hunt Club 1* kreiste bereits über der im Wasser dümpelnden Kapsel –, kam es zu einer Beinahekatastrophe, die in keinem Notfallszenarium der NASA stand. Während Grissom mit einem Fettstift noch in aller Ruhe die Schalterstellungen der Instrumentenkonsole notierte, wurde plötzlich die Kabinenluke abgesprengt. Wasser lief in die Kapsel, die schnell zu sinken begann.

Virgil Grissom übt den Ausstieg aus der *Mercury*-Kapsel unter erschwerten Bedingungen. Bei seinem Flug jedoch geriet er beim Wassern in eine lebensbedrohliche Situation

Grissom verließ sofort die *Liberty Bell*. In seinem Druckanzug schien er komfortabel und sicher zu schwimmen. *Hunt Club 1* versuchte, die immer tiefer ins Wasser sinkende Kapsel hochzuhieven. Doch sie war für den Helikopter schon viel zu schwer geworden. Zwar hatte man *Liberty Bell* wieder bis an die Wasseroberfläche hochgezogen; sie hielt jedoch den Hubschrauber wie ein Anker fest. Ein rotes Warnlicht signalisierte bereits ein aufkommendes Motorproblem. Es gab nur noch eine Möglichkeit: das Halteseil ausklinken. Die Kapsel versank im Atlantischen Ozean, dort, wo das Meer fast 5000 m tief ist.

In letzter Sekunde

Grissom bemerkte, wie zunehmend Wasser in den Raumanzug lief und damit sein Auftrieb immer geringer wurde. Er hatte vergessen, das Sauerstoff-Einlaßventil am Anzug zu schließen. Hinzu kam eine Undichtigkeit an der Nackenblende, aus der ständig Luft entwich. Der Hubschrauber, nur mit der Kapsel beschäftigt, schien seine verzweifelten Hilfesignale falsch zu verstehen. Ein Besatzungsmitglied machte sogar, ihm freundlich zuwinkend, Schnappschüsse. Erst in buchstäblich letzter Sekunde konnte Grissom, nur noch mit dem Kopf über Wasser, mit einiger Mühe von dem Hubschrauberteam um George Cox geborgen werden. Seine Crew hatte schon Ham und Shepard aufgefischt und die lebensgefährliche Situation richtig erkannt. An Bord des Hubschraubers war Grissom einem Nervenzusammenbruch nahe.

Sofort nach dem Ende der Mission begann die Diskussion, was wohl die Ursache für das Auslösen des Absprengmechanismus der Kapsel gewesen sei. War Grissom selbst gegen den Schalter gekommen, vielleicht beim „Angeln" nach dem Fettstift, den er nur recht mühsam mit seinen Druckhandschuhen greifen konnte? Oder hatte er ihn irrtümlich betätigt? Mit Vehemenz wehrte sich der Astronaut gegen diese Vermutungen. Eine Reihe von Experimenten ergab auch keine Indizien dafür, daß äußere Einflüsse die Absprengung ausgelöst haben konnten. Die einzige und sinnvolle Konsequenz, die die NASA aus der Untersuchung zog, war eine weitere technische Sicherung in der *Mercury*-Kapsel, die ein unabsichtliches Auslösen des Mechanismus zukünftig verhinderte.

Wie sollte es weitergehen?

Auch John Glenn hatte für einen ballistischen Flug auf der *Redstone* trainiert. War diese Mission noch notwendig, oder konnte nun – wie es eine Gruppe um Abe Silverstein in der STG vorschlug – gleich zum Orbitalflug übergegangen werden? Am 7. August 1961 kam aus der UdSSR die Nachricht, daß *Wostok 2* mit German Titow an Bord die Erde umkreiste. Als der Kosmonaut nach 24 Stunden in der Umlaufbahn gelandet war, gab die NASA bekannt, daß ihr erster Orbitalflug frühestens im Januar kommenden Jahres stattfinden könnte.

Ein unbemannter Testflug der *Atlas-Mercury*-Kombination mit dem „elektronischen Mannequin" an Bord über einen Erdumlauf erfolgte am 13. September 1961. Dann wurde, wie bereits beschrieben, am 29. November Enos auf die Reise geschickt. Es dauerte jedoch fast noch drei Monate, bis die Vereinigten Staaten endlich ihren Astronauten im Orbit feiern konnten: Inzwischen war aus Moskau zu erfahren, daß Titow während des Fluges von Übelkeit und Schwindel befallen wurde, ein Syndrom, das man bald als Raumkrankheit häufiger kennenlernen sollte.

Fehlalarm oder kritische Situation?

Am 20. Februar 1962 verfolgten etwa 100 Millionen Zuschauer in den USA am Bildschirm den Start von *Friendship 7*. Wie der Astronaut in der Kapsel auch mußten sie zuvor 147 Minuten Countdown-Unterbrechungen über sich ergehen lassen. Entschädigt wurde die amerikanische Öffentlichkeit durch die Schilderungen Glenns, der die klassische Testpilotenregel „Kein Geschwätz im Cockpit" nun dienstlich abgelegt hatte und im ersten Orbit vom Sonnenuntergang über dem Indischen Ozean berichtete. Für Aufregung sorgte in der Morgendämmerung seine Beobachtung von Tausenden winzigen „glühenden" Objekten in der Umgebung der Kapsel, an Leuchtkäfer erinnernd, die dann mit der aufgehenden Sonne unsichtbar wurden. Offensichtlich schien sich aber weder in den Bodenstationen noch im Kontrollzentrum jemand so recht für diese erstaunliche Entdeckung zu interessieren.

Technische Probleme mit der Lageregelung machten dem erfahrenen Piloten bald klar, daß die *Mercury*-Kapsel durchaus ihre Tücken hatte, die seine volle Aufmerksamkeit beanspruchten. Plötzlich gab es Aufregung im Kontrollzentrum. Die Daten von *Friendship 7* signalisierten, daß der Landefallschirm zum Ausklinken freigegeben und damit auch der Hitzeschild gelockert war. Ein Fehlalarm oder eine

John Glenn steigt in die Kapsel *Friendship 7*

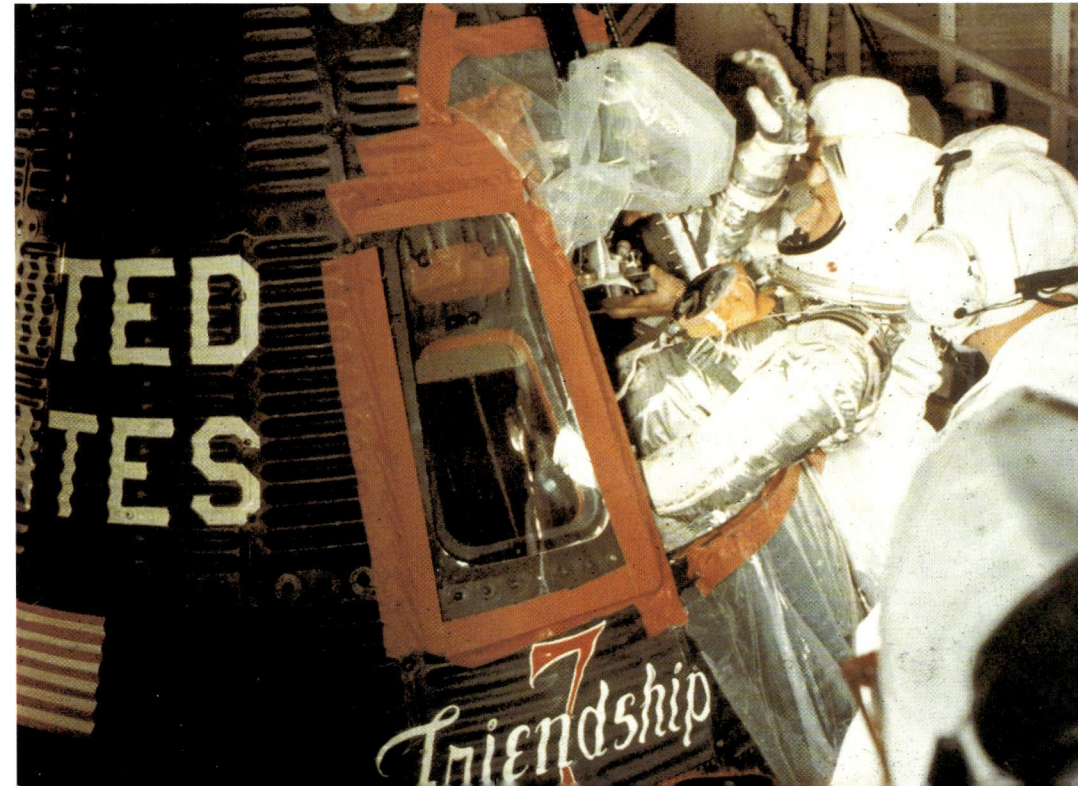

höchst kritische reale Situation? Ohne Glenn zunächst über den ernsten Hintergrund aufzuklären, wurde er mehrmals befragt, ob denn der betreffende Aktivierungsschalter auf „aus" stände. Man forderte ihn auf, den Schalter auf „Automatik" umzulegen, um zu sehen, was dann passiert. Eine riskante Prozedur, zum Glück ohne Folgen. Langsam übertrug sich etwas von der Nervosität im Kontrollzentrum auf den Astronauten, der zunehmend mit technischen Schwierigkeiten und steigender Innentemperatur zu kämpfen hatte. Er wurde aufgefordert, die Bremsraketenhalterung später abzutrennen als vorgesehen, um damit den Hitzeschild zu stabilisieren.

Die Landung verlief nach den drei Erdumläufen glatt, jedoch mit 65 km Abweichung vom berechneten Zielpunkt. Der Zerstörer *Noa* war aber nur 10 km von der Wasserungsposition entfernt. Man beschwor Glenn, trotz der Hitze in der Kapsel nicht auszusteigen. Nach 17 Minuten auf schaukelnden Wellen konnte die *Friendship 7* an Bord geholt werden. Ein müder und durchgeschwitzter Glenn, 2 kg leichter als vor dem Start, empfing an Bord der *Noa* die Glückwünsche des Präsidenten. Der Astronaut war zum Helden der Nation geworden, mit allem Drum und Dran nicht weniger gefeiert als Gagarin in der UdSSR, einschließlich der Konfettiparade in New York. Eine Untersuchung der Kapsel ergab, daß die Meldung „ausgeklinkter Landefallschirm" tatsächlich ein Fehlalarm gewesen war.

Endlich aus dem vollen schöpfen

Am 9. Januar 1962 hatte sich die NASA für die *„Super-Saturn"*, wie sie damals genannt wurde, als Trägerakete für das Mondlande-Programm entschieden. 14 Tage später erging der Entwicklungsauftrag an das *Marshall Space Flight Center* in Huntsville. Die Weltraumbehörde beantragte für das Haushaltsjahr 1963 Mittel in Höhe von 3,787 Milliarden Dollar, wovon 2,26 Milliarden für die Programme *Gemini* und *Apollo* sowie in bescheidenem Rahmen auch für *Mercury* vorgesehen waren. Die Anforderung wurde um knapp vier Prozent gekürzt, also fast vollständig bewilligt.

Slaytons Schicksal

Für den nächsten bemannten Flug, für *MA-7*, war Donald K. Slayton als Astronaut vorgesehen. Am 15. März 1962 teilte die NASA überraschend mit, daß bei ihm Herzrhythmusstörungen beobachtet worden seien, ein sogenanntes idiopathisches Vorhofflimmern, wobei „idiopathisch" besagt, daß man die Ursache nicht kennt. Deshalb werde Scott Carpenter fliegen. Diese Auswahl erregte Aufsehen, denn der Ersatzmann des renommierten Testpiloten Slayton war eigentlich Wally Schirra, dessen Flugerfahrungen die von Carpenter deutlich übertrafen.

Im August 1959 waren die offensichtlich nur sporadisch auftretenden Symptome in Slaytons EKG entdeckt worden. Sie hinderten die Ärzte jedoch nicht daran, den sonst kerngesunden Piloten tauglich für den Raumflug zu erklären. Erst als es mit der Mission ernst wurde, grub ein *Air-Force*-Mediziner das alte Protokoll wieder aus. Die Luftwaffe war noch immer Slaytons Dienstherr; sie setzte nun allein acht Ärzte auf das Problem an. Die NASA wiederum beauftragte drei namhafte Kardiologen mit einem entsprechenden Gutachten. Die Mehrzahl der Mediziner hatte keine Bedenken gegen einen Raumflug Slaytons. Dennoch folgte die NASA, wohl schon um interne Kontroversen die Spitze zu nehmen, letztlich den Empfehlungen der außenstehenden Herzspezialisten: Wenn man denn über Kandidaten verfüge, die selbst von Spuren irgendwelcher Herzanomalien frei seien, sollten sie zunächst starten. Dieser Rat sei aber nur als reine Vorsichtsmaßnahme gedacht und nicht als Disqualifikation Slaytons.

Mission *Aurora 7*

Scott Carpenter trat seinen Flug in der *Aurora 7* an, eine *Mercury*-Kapsel, die aufgrund der Erfahrungen Glenns einige technische Ver-

Doch noch Weltraum-Ehren

Der Astronaut Slayton haderte mit seinem Schicksal. Er war doch physisch und psychisch topfit, was ihm auch immer wieder von den Medizinern bestätigt wurde. Slayton verlor auch niemals offiziell seinen Flugstatus. Doch er bekam weder bei *Gemini* noch bei *Apollo* eine Chance. Wichtige Aufgaben am Boden entschädigten ihn etwas für den vorenthaltenen Raumflug. In den siebziger Jahren hatten dann die Mediziner offensichtlich nichts mehr von den Rhythmusanomalien bemerkt. 1975, 13 Jahre nach der Riesenenttäuschung bei *Mercury,* kam Slayton im Rahmen des *Apollo-Sojus*-Fluges doch noch zu Weltraum-Ehren. Am 13. Juni 1993 starb der Astronaut an den Folgen eines Gehirntumors.

Das Geheimnis der „Leuchtkäfer"

Carpenter, ein exzellenter Beobachter, stürzte sich mit Begeisterung auf den Fragen- und Beobachtungskatalog der Wissenschaftler. Nebenbei konnte der Astronaut auch das Rätsel der „Leuchtkäfer" lösen. Als er versehentlich mit der Hand gegen den Lukendeckel stieß, wirbelte eine ganze Wolke dieser leuchtenden Objekte auf. Einige weitere leichte Schläge gegen die Luke und die Kapselwand setzten Tausende „Leuchtpünktchen" frei. Es waren Eispartikel, die sich auf der Kapselwand gebildet hatten.

besserungen aufwies, darunter eine Steuerung, die hinsichtlich ihres Treibstoffverbrauchs nicht linear regelbar war. Nach dem bis dahin reibungslosesten Countdown im Programm startete die *MA-7* am 24. Mai 1962 von Cape Canaveral. Wie ihre Vorgängermission sollte *Aurora 7* drei Erdumkreisungen absolvieren. Während der ersten beiden Umläufe verlief die Mission problemlos und erfolgreich.

Mit dem Wasserstoffperoxyd-Treibstoff ging der Astronaut recht großzügig um und mußte ab und zu von den Bodenstationen ermahnt werden, sparsamer zu wirtschaften. Kurz vor dem Wiedereintritt waren noch 40 Prozent Treibstoff in den Tanks, ausreichend für die Rückkehrprozedur. Nun sollte Carpenter von der Handsteuerung auf Automatik umschalten, die aber nicht die erforderliche Raumlage hielt. Hier verlor der Astronaut, ohnehin schon mit der Checkliste in Verzug geraten, die Kontrolle: Für zehn Minuten wurde anstatt aus einem Tank aus beiden Systemen Treibstoff verbraucht. Carpenter erhielt von Alan Shepard aus der kalifornischen Bodenstation das Kommando für die manuelle Zündung der Bremsraketen, die offensichtlich aber um Sekunden zu spät erfolgte. Hinzu kam, daß die Abweichung von der optimalen Raumlage sehr viel größer war, als Carpenter vermutet hatte, so daß *Aurora 7* einige hundert Kilometer über den vorgesehenen Landepunkt hinweg niedergehen würde.

In der letzten Phase machte sich der exzessive Treibstoffverbrauch bedrohlich bemerkbar. Es kam zu dramatischen Momenten, die den Astronauten stark belasteten. Auch im Kontrollzentrum war man sich der möglicherweise lebensbedrohenden Schwierigkeiten Carpenters bewußt, die er sich – so die Einschätzung des Flugdirektors Christopher Kraft – letztlich selbst zuzuschreiben hatte.

Nach dem Aufsetzen bemerkte Carpenter einige Wassertropfen in

der Kapsel, die auch keine Anstalten machte, sich aus der Schräglage aufzurichten. In der aktuellen Berichterstattung der Medien machte sich Unruhe bemerkbar, denn seit Beginn des Eintritts in die Erdatmosphäre war der Kontakt abgerissen. *Aurora 7* mußte gelandet sein. Aber wo genau, und war der Astronaut wohlauf? Dieser, etwa 400 km vom geplanten Zielpunkt entfernt, schaukelte inzwischen froh auf seinem Rettungsfloß neben der Kapsel. 36 Minuten nach der Landung kamen die ersten Suchflugzeuge in Sicht. Mit dem nächsten Pulk, 20 Minuten später, wurden zwei Froschmänner abgesetzt, die ebenfalls Flöße entfalteten. Carpenter öffnete seine Überlebensration und bot den beiden *Air-Force*-Männern von seiner Astronautenkost an. Sie lehnten dankend ab, bedienten sich aber am Wasservorrat. Noch immer aber gab es keinen Funkkontakt.

Anderhalb Stunden nach der Landung kam ein Wasserflugzeug der *Air Force,* um den Astronauten und die Froschmänner aufzunehmen. Aus dem Kontrollzentrum kam nun überraschend die Anweisung, nicht zu landen, sondern auf die *Navy* zu warten, die für die Bergung verantwortlich sei. Diese merkwürdige Entscheidung, letztlich die Rivalität zwischen den beiden Waffengattungen widerspiegelnd, hatte noch ein Nachspiel im Kongreß. Immerhin gelangte Carpenter erst 4¼ Stunden nach seiner Wasserung an Bord des Flugzeugträgers *Intrepid.* Die *Aurora 7* lag bei ihrer Bergung 45°

4¼ Stunden mußte Scott Carpenter nach der Wasserung seiner *Aurora 7* ausharren, bis er an Bord der *Intrepid* genommen wurde

Walter Cronkite, der nun legendäre TV-Journalist, kommentierte mit tränenerstickter Stimme: „Ich befürchte, daß wir möglicherweise einen Astronauten verloren haben."

geneigt auf der Meeresoberfläche. Etwa 250 Liter Seewasser waren in die Kapsel gelaufen, was die nachträgliche Inspektion erschwerte.

Zwar wurde Carpenter gefeiert, doch bei der NASA war man nicht zufrieden. Anstatt zu zeigen, daß die verbesserte *Mercury*-Kapsel auch für längere Flüge geeignet sei, hätte hier ein Astronaut nicht wie ein Testpilot gearbeitet, dem es allein um die Maschine geht, sondern seine und die Neugier der Wissenschaftler befriedigt und damit beinahe eine Katastrophe heraufbeschworen. So die Einschätzung verantwortlicher Ingenieure. Die nächste Mission mit einer nochmals verbesserten Kapsel sollte deshalb streng technisch orientiert sein.

Mercury – das Finale

Russische Rekorde

Walter M. Schirra war der Astronaut, der nun mit *MA-8* zu einem Flug über sechs Umläufe starten sollte. Anvisiert war ein Datum im September 1962. Während Schirra im Hangar S im Flugsimulator saß, kam am 11. August 1962, nach über einem Jahr Pause, die Nachricht von einem neuen bemannten Raumflug aus der UdSSR. An Bord von *Wostok 3* befand sich Andrian Nikolajew. Nur einen Tag später startete Pawel Popowitsch mit *Wostok 4*. Nikolajew flog 64 Erdumkreisungen, 48 legte Popowitsch zurück. Rekorde, die deutlich jenseits der Möglichkeiten von *Mercury* lagen.

Die Sensation war perfekt: Zwei Raumschiffe im nahezu identischen Orbit, die sich bis auf 5 km näherten.

„Ein Flug wie aus dem Lehrbuch"

Am 3. Oktober 1962 hatten die Fernsehzuschauer und Radiohörer in den USA die Wahl: Sie konnten dem Flug eines Astronauten folgen oder dem Eröffnungsspiel der Baseballsaison. Bis auf ein kleines, aber schnell zu behebendes Problem in der Bodenstation auf Gran Canaria lief der Countdown reibungslos. Nach perfektem Start erreichte die Rakete eine 4,5 m/s höhere Geschwindigkeit als berechnet, wodurch *Sigma 7* mit 281 km auf die größte Bahnhöhe aller *Mercury*-Missionen gelangte. Schirra hatte sich zum Ziel gesetzt, mit der Hälfte des Treibstoffs für seine sechs Orbits auszukommen, den Carpenter für die drei Erdumkreisungen verbraucht hatte. Er ließ deshalb *Sigma 7* weitestgehend im

Orbit driften und benutzte die Handsteuerung nur ganz vorsichtig. Kurz vor dem Ende der Mission meldete Schirra stolz, daß er in beiden Systemen noch 78 Prozent Treibstoff habe, was ihm prompt ein Lob für seine Flugführung einbrachte. Auch die Landung war mustergültig. Nur etwa 7 km vom Flugzeugträger *Kearsarge* entfernt setzte die Kapsel auf. „Ein Flug wie aus dem Lehrbuch" – so lautete die allgemeine Einschätzung. Doch so ganz konnten Schirra und die NASA den Triumph nicht genießen: Die Kubakrise bestimmte bald die Schlagzeilen.

Wie sollte und konnte der nächste Schritt aussehen?

Die Entwicklung der *Gemini*-Raumschiffe für den Flug von zwei Astronauten war angelaufen. In der NASA-Zentrale in Washington war mit Brainerd Holmes ein neuer Mann für die bemannte Raumfahrt verantwortlich. Er wurde mit dem Vorschlag konfrontiert, das Projekt *Mercury* einzustellen, da es den größten Teil seiner Ziele erreicht habe. Immerhin arbeiteten jetzt von den 2500 Beschäftigten im *Manned Spacecraft Center* nur noch etwa 500 für *Mercury*. Über Zwischenlösungen bis zum ersten *Gemini*-Start wurde diskutiert. Im Raum stand aber immer noch der Plan eines 24-Stunden-Fluges. Am 9. November 1962 entschied sich die Führungsspitze des MSC für eine Mission über 22 Umläufe, entsprechend 34 Stunden. Es würde mit 18 Millionen Dollar eine teure Mission werden. Vier Kapseln waren entsprechend zu modifizieren, von den zusätzlichen Kosten für das Bergungsnetz, die die *Air Force* und die *Navy* in Rechnung stellen würden, ganz zu schweigen. Gordon Cooper sollte die Mission fliegen, Alan Shepard sein Ersatzmann sein.

Faith 7 – „Glaube, Vertrauen"

Noch immer war die *Atlas* hinsichtlich ihrer Zuverlässigkeit bei bemannten Flügen das große Sorgenkind. Sie war und blieb trotz zahlreicher Verbesserungen eine modifizierte Interkontinentalrakete. So fiel das Exemplar 130-D, für Coopers Flug vorgesehen, durch die Qualitätskontrolle der NASA und mußte wieder zurück zu *Convair/General Dynamics* nach San Diego. Auch *McDonnell* hatte seine Sorgen. Es galt, 183 Änderungen an der

Kapsel vorzunehmen, wobei das nun höhere Gewicht das größte Problem darstellte: Schwerere Batterien wurden notwendig sowie zusätzliche Mengen an Sauerstoff, Trinkwasser, Kühlflüssigkeit und Peroxyd-Treibstoff. Anderes wurde ausgebaut, wie zum Beispiel das Periskop, oder gegen leichtere Versionen ausgetauscht.

Ende April 1963 war es dann soweit: Man hatte alle technischen Probleme in den Griff bekommen, Rakete und Kapsel integriert. Auch einen Namen hatte die *Mercury* nun, nachdem sich Cooper lange Zeit schwer damit getan hatte: *Faith 7*. Glaube, Vertrauen – so die Übersetzung von *Faith* – war das eine angemessene Bezeichnung für ein technisch hochkomplexes Gerät? Neben dieser Frage beschäftigte die Medien auch die Attacke prominenter Persönlichkeiten aus Politik und Wissenschaft gegen die Raumfahrt. Sie zogen gegen den Wettlauf zum Mond und die bemannte Raumfahrt zu Felde, mit dem Tenor, daß das Geld dafür besser zur Lösung sozialer Probleme ausgegeben werden sollte. Kurz vor dem Flug hatte die NASA bekanntgegeben, daß es bei einer erfolgreichen Cooper-Mission keinen weiteren *Mercury*-Start mehr geben würde und damit auch die Pläne für eine dreitägige Erdumkreisung im Herbst 1963 endgültig vom Tisch wären.

Der letzte *Mercury*-Start

Am 14. Mai 1963 standen rund um den Erdball 28 Schiffe, 171 Flugzeuge und 18 000 Mann Militärpersonal zur Unterstützung des *MA-9*-Fluges bereit, darunter 84 Ärzte. Cooper, der nun wußte, daß er die letzte Mission des Projekts fliegen würde, saß schon in der Kapsel, als der Countdown unerwartet unterbrochen wurde. Das Radar auf Bermuda, dem eine Schlüsselrolle bei der „go/no go"-Entscheidung für das Einschwenken in die Umlaufbahn zukam, hatte technische Probleme, dann gab es Schwierigkeiten mit dem Startturm. Cooper mußte aussteigen, der Start wurde um 24 Stunden verschoben. Am 15. Mai lief alles einwandfrei. Mit nur 14 Sekunden Verspätung startete *MA-9* in den blauen Morgenhimmel Floridas. Die Bahn war perfekt, so daß das Kontrollzentrum die Genehmigung für zunächst sieben Umläufe gab. Elf Experimente standen auf Coopers Programm, darunter das Aussetzen eines kleinen Satelliten von nur 15 cm Durchmesser, der mit einem Blinklicht ausgestattet war. Erst im folgenden Umlauf konnte er das Objekt mit seinem pulsierenden Licht erkennen.

Die Orbits 9 bis 13 waren als Schlafpause gedacht. Cooper, intensiv mit dem Fotografieren beschäftigt, war jedoch viel zu aufgeregt, um über Stunden zu schlafen. Ein Nickerchen zwischendurch, das reichte.

Bis zum Umlauf 19 verlief die Mission fast nach Plan. Plötzlich leuchtete eine Kontrollanzeige auf, die Bremskraftwirkungen größer als 0,05 g signalisierte, so als ob *Faith 7* den Wiedereintritt in die Erdatmosphäre begonnen hätte. Im Kontrollzentrum fragte man sich, ob es nur ein Fehlalarm sei oder mehr dahinterstecken könnte. Im Umlauf 20 fielen dann die Anzeigen für die Raumlage völlig aus. Im Orbit 21 kam es noch schlimmer: Ein Kurzschluß legte die Energieversorgung für das automatische Stabilisierungs- und Kontrollsystem lahm. Auch die Regeneration der Luft in der Kapsel und im Anzug fiel schließlich aus, so daß der Kohlendioxydgehalt zu steigen begann.

Der Abgesang

Gordon Cooper wurde gefeiert, vergleichbar nur mit den Festivitäten für John Glenn. Die Konfettiparade in New York war die bis dahin größte, die die Hudson-Metropole je erlebt hatte. Wie schon vor ihm Glenn hielt Cooper eine Rede vor dem Senat und dem Repräsentantenhaus. Sie war zugleich der Abgesang auf *Mercury*.

„Herr über die Maschine"

Cooper mußte für den Wiedereintritt alle Lageeinstellungen per Hand vornehmen und auch manuell die Bremsraketen zünden. John Glenn hatte hier vom Boden aus wichtige technische und psychologische Unterstützung geleistet. Der Astronaut an Bord nahm das alles offensichtlich recht gelassen. Es war, wie er später gern erzählte, eine echte Herausforderung, wie sie jeder gute Testpilot liebt. Im entscheidenden Augenblick „Herr über die Maschine" zu sein, dieser Wunsch ging für Cooper unfreiwillig in Erfüllung. 34 Stunden und 20 Minuten nach dem Start ging die *Faith 7*, nur 6,5 km von der *Kearsarge* entfernt, südlich der Midway Islands im Pazifik nieder. 40 Minuten nach der Landung befand sich der Astronaut an Bord des Flugzeugträgers. Die erste medizinische Inspektion ergab, daß er zwar 3 kg abgenommen hatte und ein wenig wacklig auf den Beinen war, sonst aber den Flug in vorzüglicher Verfassung überstanden hatte.

John Glenn und Gordon Cooper fachsimpeln über Raumhandschuhe. Mit Coopers 34-Stunden-Flug ging das *Mercury*-Programm im Mai 1963 zu Ende

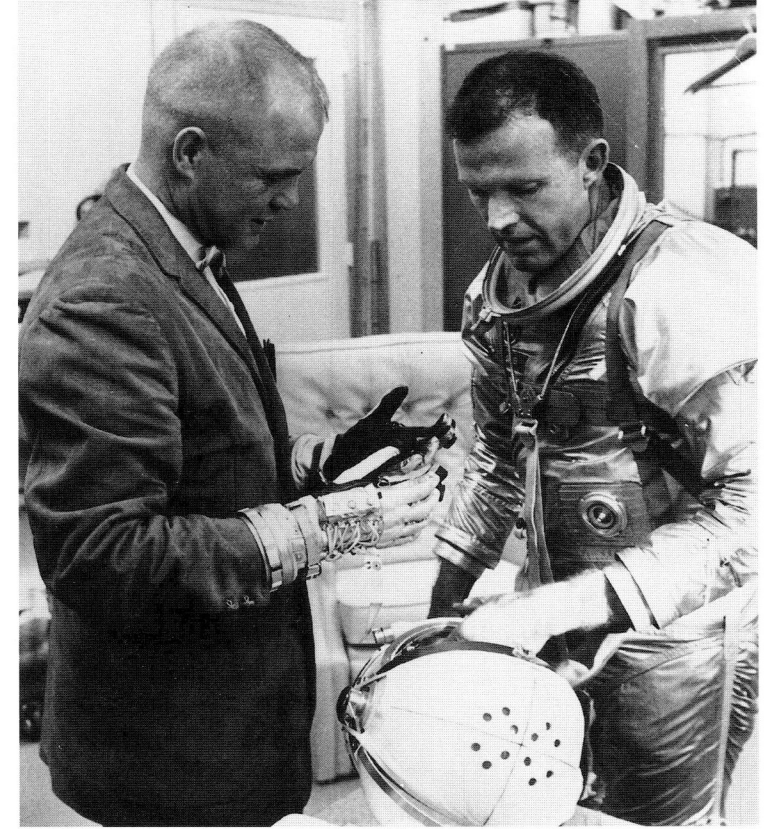

Am 6. Juni 1963 bestätigte die NASA-Führung endgültig ihre Entscheidung, mit dem erfolgreichen Flug von *MA-9* das Projekt zu beenden. Bis zum Start des ersten *Gemini*-Raumschiffs war – so die damalige Einschätzung – ein Jahr ohne bemannte Unternehmen zu überbrücken. Doch eine weitere *Mercury*-Mission als „Pausenfüller" hätte technisch nichts gebracht, denn für das *Apollo*-Programm stand die Erprobung von Rendezvous- und Kopplungstechniken an erster Stelle. Dazu konnte *Mercury* praktisch nichts beitragen.

400 Millionen Dollar hatte das Projekt insgesamt gekostet. Alles in allem war es ein preiswertes Unternehmen, das für die weitere Entwicklung der amerikanischen Raumfahrt in großem Maße wegbereitend gewesen ist. Erst 22 Monate nach Coopers Flug starteten wieder US-Astronauten in den Weltraum, in einem Programm, das auf der Infrastruktur von *Mercury* aufbaute, seine Sicherheitsphilosophie übernahm, aber auch eindeutig aus seinen Fehlern und Schwächen gelernt hatte.

NASA unbemannt – eine Zwischenbilanz

Bilder aus dem Orbit

Anders als in der Sowjetunion, entwickelte sich das amerikanische Raumfahrtprogramm sehr schnell weit gefächert, konzentriert vor allem auf die Anwendungsseite. Wenn hier vorstehend dem bemannten Flug breiter Raum eingeräumt wurde, soll das keine Gewichtung sein. Was die NASA seit ihrer Gründung bis etwa Mitte 1963 parallel zum *Mercury*-Programm geleistet hat, war richtungweisend. Es gab 83 unbemannte Starts, darunter auch mehrere suborbitale Testflüge. Etwa 26 Missionen scheiterten, was zum überwiegenden Teil auf Fehlfunktionen in den Trägerraketen zurückzuführen war. Beeindruckend bleiben jene Erstleistungen, die der Öffentlichkeit zeigten, daß die hohen Investitionen in die Raumfahrt durchaus ihren Preis wert waren.

Tiros 1, der erste Wettersatellit, gestartet am 1. April 1960

Wettersatelliten

Die NASA startete am 1. April 1960 den ersten Wettersatelliten der *Tiros*-Serie, der mit Hilfe von TV-Kameras Wolkenbilder sowie Strahlungsmeßdaten lieferte. Das erste Bild aus dem Orbit zeigte übrigens den Sankt-Lorenz-Golf. Während *Tiros 1* nur Tagesaufnahmen machen konnte, war bereits sein Nachfolger mit Infrarotsensoren für Nachtbilder ausge-

Der Ballonsatelli
Echo 2.
Sein Durchmesser
betrug 40,5 Meter

rüstet. Bis Mitte 1963 waren insgesamt sieben dieser Satelliten in die Umlaufbahn gelangt, die insgesamt etwa 376 000 Aufnahmen zur Erde übermittelt hatten. Zwar waren ihre Flughöhen und Bahnneigungen noch vergleichsweise niedrig, dennoch lieferten sie den Beweis, daß die Meteorologie aus dem Orbit für die Zukunft eine der wichtigsten Nutzanwendungen sein würde.

Reflektor für Funkwellen

Sichtbar für jedermann wurde Raumfahrt durch den Start des Ballonsatelliten *Echo 1* am 12. August 1960. Auf 30 m Durchmesser entfaltete sich die hauchdünne, an der Oberfläche aluminisierte Mylar-Folie. Das helle Objekt zog in einer Höhe zwischen 1524 und

1684 km seine um 47,2° gegen den Erdäquator geneigte Bahn und sprang durch die auffällige Bewegung unter den Sternen förmlich ins Auge. Gedacht war *Echo 1* als passives Kommunikationsexperiment, als Reflektor für Funkwellen. Die Hülle verformte sich jedoch, einmal durch die Temperaturänderung beim Eintritt in den Erdschatten, zum anderen durch Meteoritentreffer, so daß der Satellit als „Funkbrücke" nur im ersten Monat nach dem Start brauchbar war. Dabei wurde am 12. August eine Botschaft Eisenhowers von der West- zur Ostküste der USA übertragen und sechs Tage später eine Verbindung von Holmdel (USA) nach Issyles-Moulineaux (Frankreich) hergestellt.

Bessere Ergebnisse wurden mit dem am 24. Januar 1964 gestarteten *Echo 2* erreicht, bei dem man einiges für Formstabilisierung getan hatte. Historisch interessant ist die Tatsache, daß über diesen Satelliten bereits kurz nach dem Start erste wissenschaftliche Kommunikationsexperimente zwischen den USA und der UdSSR durchgeführt wurden. Eine Zukunft für den globalen Funkverkehr, das wurde schnell klar, hatte diese Ballon-Technik nicht. Doch die Geophysik profitierte von *Echo 1* und *2*. Sie waren vorzügliche Sonden für die Hochatmosphäre, weil sie empfindlich auf Dichteschwankungen reagierten. Die NASA startete dann für diese Untersuchungen im Rahmen ihrer *Explorer*-Serie kleinere Ballone.

Nachrichtensatelliten

Die Zukunft der zivilen Nachrichtensatelliten brach mit dem Start von *Telstar 1* am 10. Juli 1962 an. Es war der erste Satellit, der von einem Privatunternehmen entwickelt und mit Hilfe der NASA in die Umlaufbahn gebracht wurde. *AT&T Bell Laboratories* wollte mit *Telstar 1* über die Ozeane hinweg kommerzielle Kommunikations- und Fernsehverbindungen erproben. Obwohl der Orbit nicht so gelang wie geplant, der Satellit zog zwischen 936 und 5653 km Höhe seine Bahn, kam es zu eindrucksvollen Fernsehübertragungen, die zum ersten Mal vor TV-Zuschauern Amerika und Europa verbanden. Es folgte der bei RCA im Auftrag der NASA gebaute Satellit *Relay 1*, der am 13. Dezember 1962 in eine exzentrische Umlaufbahn gelangte. Mit seiner Hilfe wurden diverse Übertragungstechniken und der Einfluß der energiereichen Strahlung auf die elektronischen Komponenten des Kommunikationssystems untersucht.

Die Geburtsstunde der COMSAT

Bereits am 31. August 1962 hatte Präsident Kennedy ein Gesetz unterschrieben, das die Gründung eines Privatunternehmens gestattete, mit dem Ziel, ein weltumspannendes Netz von Kommunikationssatelliten „zur Förderung des Weltfriedens und der Völkerverständigung" aufzubauen. Das war die Geburtsstunde der *Communications Satellite Corporation*, abgekürzt COMSAT, und der erste Ansatz zur „Auslagerung" kommerziell oder für die breite Anwendung interessanter Programme. Die NASA sollte längerfristig nur noch die Entwicklungs- und Erprobungsphase betreuen. Beispiele hierfür sind Wetter-, Nachrichten- und Erderkundungssatelliten.

Die Militärs hatten ereits am 4. Oktober 1960 mit *Courier 1B* den ersten aktiven Nachrichtensatelliten gestartet, der allerdings nur 17 Tage funktionierte. Auch die Funkamateure hatten noch vor der NASA ihren Kommunikationssatelliten im Orbit. Mit dem Start von *Discoverer 36* am 12. Dezember 1961 ging auch der 5 kg schwere *Oscar 1* mit auf die Reise, der 18 Tage genutzt werden konnte.

Der geostationäre Orbit

Es lag auf der Hand, daß die Zukunft der Kommunikationssatelliten nicht in den niedrigen Umlaufbahnen liegen konnte. Eine kontinuierliche Verbindung über nur einen Raumflugkörper war unmöglich, und in den Bodenstationen benötigte man große nachführbare Antennen. Ungleich vorteilhafter war die Positionierung im sogenannten „geostationären Orbit", in 35 780 km Höhe über dem Erdäquator. Mit drei Satelliten, um je 120° versetzt, konnte man im Prinzip den Erdball umspannen. In der Praxis gab es Probleme: Die Satelliten standen in der gewählten Position nicht still, sondern drifteten um sie herum, so daß zusätzliche Antriebssysteme im Raumflugkörper zur Korrektur dieser Abweichungen notwendig wurden.

Am 14. Februar 1963 brachte die NASA mit *Syncom 1* den ersten Satelliten in den Höhenbereich von 36 000 km, allerdings auf eine Bahn, die noch um 33° gegen den Äquator geneigt war. Beim Einschuß in den Orbit riß jedoch die Verbindung ab. *Syncom 3*, gestartet am 15. August 1964, erreichte als erster Raumflugkörper eine perfekte geostationäre Position. Augenfällig für den amerikanischen Steuerzahler wurde dieser Fortschritt durch die Übertragung der XVIII. Olympi-

schen Sommerspiele aus Tokio in die Vereinigten Staaten. Der Sowjetunion gelang es erst am 26. März 1974, mit *Kosmos 637* einen Satelliten in die geostationäre Umlaufbahn zu bringen.

Unter den Satelliten mit wissenschaftlicher Aufgabenstellung ist
das Sonnenobservatorium *OSO 1*, gestartet am 7. März 1962, hervorzuheben. In seiner aktiven Lebenszeit von 17 Monaten registrierte es
75 Flares auf dem Tagesgestirn. Die Sonnenbeobachtung entwickelte
sich sehr rasch zu einem Schwerpunkt der Raumfahrtaktivitäten in
West und Ost.

Und noch ein bedeutsamer Aspekt kennzeichnet diese ersten
NASA-Jahre: der Beginn einer internationalen Kooperation. So wurde
am 26. April 1962 der britische Forschungssatellit *Ariel* gestartet, dem
am 29. September 1962 *Alouette 1* aus Kanada folgte.

Vorstoß in den interplanetaren Raum

Zukunftskonzepte

Pläne für unbemannte Raumsonden zum Mond und zu den bei-
den Nachbarplaneten Mars und Venus reiften bereits sehr früh, nicht
zuletzt forciert durch die sowjetischen Starts zum Erdtrabanten. Insbesondere war es das JPL in Pasadena, das hier weitreichende Zu-
kunftskonzepte entwarf. Vorgesehen war nicht nur der Bau der Raumsonden, sondern auch die Entwicklung einer speziellen Oberstufe,
Vega genannt. Trägerrakete sollte die *Atlas* werden. Allerdings war
hier Konkurrenz in Sicht: Beim *Atlas*-Hersteller *General Dynamics*
beschäftigte man sich mit der Entwicklung einer Oberstufe hoher
Leistung, deren geistiger Vater Krafft Ehricke war. Die *Centaur* sollte
mit Flüssigwasserstoff/-sauerstoff angetrieben werden.

Das Projekt, schon im Juli 1959 offiziell zur NASA transferiert,
war ein Musterbeispiel für die komplexe Verflechtung militärischer
und ziviler Raumfahrt. Sowohl die ARPA als auch die *Air Force* saßen
gemeinsam mit der NASA in einem Programm- und Managementko-
mitee für diese Oberstufe, die am 27. November 1963 erfolgreich
erprobt wurde. Allerdings dauerte es noch bis zum 26. Oktober 1966,
bis die *Atlas-Centaur*-Kombination ihre volle Leistungsfähigkeit unter
Beweis stellen konnte.

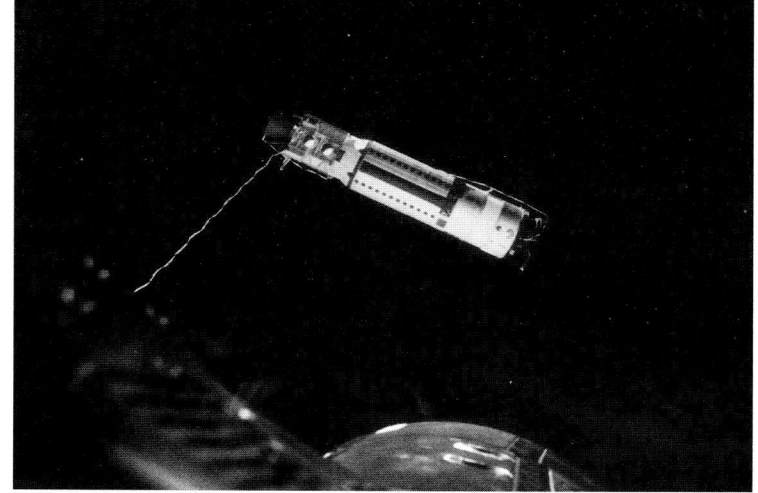

Die in mehreren Versionen zum Einsatz gekommene *Agena*-Oberstufe, jahrzehntelang unentbehrlich für die NASA und die *Air Force*. Hier wird sie, angeleint, im Rahmen eines *Gemini*-Fluges für einen Versuch zur Erzeugung künstlicher Schwerkraft eingesetzt

Agena

Konkurrent Nummer zwei war eine Oberstufe, deren Entwicklung bereits vor dem ersten Satellitenstart begonnen hatte. Es war die *Agena*, in Auftrag gegeben von der *Air Force* und gebaut bei *Lockheed*. Der Jungfernflug in Verbindung mit der *Thor* als Erststufe erfolgte am 28. Februar 1959. Es war in mehrfacher Hinsicht eine Premiere: Mit *Discoverer 1* wurde der erste Satellit mit rein militärischer Aufgabenstellung gestartet. Erstmals gelangte ein Raumflugkörper auf eine polare Umlaufbahn. Mit dem Start selbst wurde die sogenannte *Western Test Range* (WTR) bei Point Arguello an der kalifornischen Küste in Betrieb genommen. Die *Agena* wurde hinsichtlich ihrer Leistungsfähigkeit weiterentwickelt und kam überwiegend für militärische Missionen, aber auch für wichtige NASA-Projekte zum Einsatz. Ihre beachtliche Karriere ging 1987 zu Ende.

NASA und Pentagon im Interessenskonflikt

Zurück nach Pasadena, wo man 1959 hoffte, schnell die erwähnte Oberstufe, die *Vega*, zu realisieren. Die Kommunikation mit der NASA gestaltete sich alles andere als gut. Für Pickerings Mannschaft war das, was jenseits der Rocky Mountains geschah, leicht suspekt. In Washington saßen die Bürokraten, sowohl in der Zentrale der Weltraumbehörde als auch in der politischen Administration, die die rasche Umsetzung der Raumfahrtpläne behinderten. So sah man es jedenfalls beim JPL. Die junge NASA war aber durchaus willens, das *Vega*-Projekt durchzuziehen, und hatte bereits erhebliche Mittel zur Verfügung gestellt.

Es geschah jedoch das, was eigentlich zu erwarten war. Bei den Haushaltsberatungen im Herbst 1959 kam es zu einem Zusammenstoß zwischen der NASA und dem Pentagon. Die Militärs fürchteten nicht ohne Grund, daß die Entwicklung von *Vega* zu Lasten eines ihrer beiden Oberstufen-Programme gehen würde. Sie verlangten die sofortige Einstellung des Projekts. Am 26. Oktober 1959 kam dieser Konflikt vor Eisenhower, der ausdrücklich angeordnet hatte, Doppelentwicklungen zu vermeiden.

Anfang Dezember 1959 erhielt Pickering die Mitteilung, mit dem 11. Dezember 1959 alle Arbeiten an der Oberstufe einzustellen und die abgeschlossenen Kontrakte gemäß NASA-Vorschriften aufzulösen. 17 Millionen Dollar waren in das Vorhaben geflossen, das gerade begann, greifbare Formen anzunehmen.

Das JPL ist aus dem Raketengeschäft

Wenig später erhielt das JPL einen weiteren Brief aus der Zentrale. Darin wurden die zukünftigen Aufgaben der Kalifornier festgeschrieben, nämlich die ausschließliche Konzentration auf Missionen zum Mond und zu den Planeten. Das schloß die Projektplanung, die Entwicklung der Raumfahrzeuge, die Integration der Experimente sowie den Empfang und die Auswertung der Daten ein. Damit war das Laboratorium aus Pasadena aus dem Raketengeschäft. Und noch ein harter Brocken war zu verdauen: Washington machte unmißverständlich klar, daß das JPL nun nicht etwa alles im eigenen Haus fertigen durfte, sondern auch entsprechende Aufträge nach draußen an die Industrie zu vergeben hatte.

Ranger – das Fiasko

Im NASA-Planungsstab wurde nun die Zielrichtung für die unbemannte Erkundung des Erdtrabanten festgelegt. Drei Programme sollten alle relevanten Informationen für die bemannte Mondlandung liefern. Mit *Ranger*, hart auf der Oberfläche aufsetzende Sonden, wollte man die Feinstruktur des Mondbodens im Meterbereich kennenlernen. Für die Untersuchung der Tragfähigkeit und Beschaffenheit der Oberfläche waren weich landende Geräte mit der Bezeichnung *Surveyor* vorgesehen. Optimale Landeplätze sollten im Rahmen einer umfassenden fotografischen Kartierung mit Sonden aus der Mondumlaufbahn – *Lunar Orbiter* – ausgewählt werden.

Eine gute Wahl

So recht konnte man sich in der NASA-Zentrale mit dem Namen *Ranger* nicht befreunden. Pickering hatte ihn gewählt, in Anlehnung an seinen Hund gleichen Namens.

Ranger und *Surveyor* wurden dem JPL übertragen. Das Projekt *Lunar Orbiter* ging zur allgemeinen Überraschung an das *Langley*-Center, dessen Schwerpunkte ja bis dahin die Aeronautik und alle aerodynamischen Probleme waren. Es war jedoch eine gute Wahl, wie sich bald herausstellen sollte. Für den Transport von *Ranger* und *Lunar Orbiter* war die *Agena-B*-Oberstufe, für *Surveyor* die *Centaur* vorgesehen, jeweils mit der *Atlas* als Trägerrakete.

Der Grundentwurf der *Ranger*-Sonde war so angelegt, daß daraus eine weitere Raumschiffversion entwickelt werden konnte, die Planetensonden vom Typ *Mariner*. Der Plan sah zunächst vor, fünf dieser Sonden zwischen 1961 und 1962 zu starten. Zunächst sollten zwei *Ranger* vom Typ „Block I" auf die Reise in Richtung Mond gehen, mit dem Ziel, das Zusammenspiel aller Systeme zu testen. Die harte Landung auf dem Erdtrabanten stand noch nicht auf dem Programm, daher waren diese beiden Sondenexemplare nur mit einigen kleineren Experimenten bestückt.

Die drei „Block II"-*Ranger* waren hingegen schon mit einer Fern-

Raumsonden sterilisieren?

Als die „Block I"-Sonden fertig waren, kam ein Problem auf die Verantwortlichen zu, das sie bislang nur als rein akademisches angesehen hatten. Gewichtige Stimmen, allen voran der frisch gekürte Nobelpreisträger Joshua Lederberg, hatten angeregt, Raumsonden zum Mond und den Planeten zu sterilisieren, um jede Verunreinigung durch irdische Mikroorganismen auszuschließen. Denn würden Lebensspuren auf diesen Himmelskörpern entdeckt, stünde somit fest, daß sie extraterrestrischer Natur seien. In den internationalen wissenschaftlichen Gremien fand die Idee breite Zustimmung, so daß die Sterilisation bald beschlossene Sache war. Wie aber macht man eine 305 kg schwere Raumsonde, die zudem noch von Kalifornien nach Florida transportiert werden mußte, ohne Beschädigung keimfrei? Die NASA mußte hier noch teures Lehrgeld zahlen.

sehkamera, einem Gamma-Spektrometer, einem Seismometer und einem Korrektur- bzw. Bremstriebwerk ausgestattet. Sie sollten zwar hart landen, aber dabei nicht zu Bruch gehen. Zur Stoßdämpfung hatten die JPL-Ingenieure die Zentralstruktur in eine Hohlkugel aus Balsaholz „verpackt".

Am 30. Juni 1961 schob, nachdem der Mondflug zur nationalen Aufgabe erklärt worden war, das JPL einen weiteren Vorschlag nach. Man wollte noch vier *Ranger* einer „Block III"-Version bauen, nur mit TV-Kameras versehen, die im Crashflug, beginnend aus 2000 bis 3000 km Höhe bis zum Aufschlag, Bilder des Mondbodens zur Erde funken sollten. Nur wenige Wochen später wurde der Plan genehmigt. Die Starts sollten im Januar 1963 beginnen.

Ranger 1

Am 23. August 1961 startete *Ranger 1* vom Cape Canaveral. Das Missionskonzept sah zunächst das Einschwenken in eine Parkbahn um die Erde vor, aus der dann der Einschuß in Richtung Mond erfolgen sollte. Das ist ein in Ost und West angewandtes Standardverfahren auch für die Missionen zu den Planeten. Die *Agena B* versagte jedoch bei dieser zweiten Zündung, so daß die Sonde im Erdorbit gefangen blieb. Nun kreiste *Ranger 1* als Satellit um die Erde, fiel aber nach kurzer Zeit wegen eines defekten Sonnensensors völlig aus und verglühte am 30. August 1961.

Ranger 2

Am 18. November 1961, ging *Ranger 2* auf die Reise. Wieder machte die *Agena* nicht mit und verblieb, verbunden mit der Sonde, in der erdnahen Umlaufbahn „hängen". Zwei Tage später tauchte sie wieder in die Erdatmosphäre ein. Beide Missionen lieferten einige Meßdaten aus ihrer erdnahen Umgebung, mußten aber hinsichtlich ihres Programmauftrages als totale Fehlschläge verbucht werden.

Ranger 3

Nun war der „Block II" an der Reihe. Mit Spannung sah man dem Start von *Ranger 3* am 26. Januar 1962 entgegen. Doch sowohl mit der *Atlas* als auch mit der *Agena* gab es Probleme, so daß die Sonde in 36 580 km Entfernung am Mond vorbeiflog und in eine Bahn um die Sonne einschwenkte. Das JPL und die NASA vermerkten verbittert, daß das das dritte Versagen einer *Air-Force*-Rakete hintereinander sei. Allerdings, so ließ die Luftwaffe verlauten, seien auch der Hauptcomputer und der Sequencer von *Ranger 3* ausgefallen.

Ranger 4

Am 23. April 1962 folgte *Ranger 4*. Rakete und Oberstufe funktionierten perfekt. Doch zwei Stunden nach dem Start fiel der zentrale Zeitgeber, die „master clock" plötzlich aus, so daß keines der automatischen Manöver, einschließlich des Ausklappens der Solarzellen-Flächen, stattfinden konnte. Stumm und ohne jedes Ergebnis schlug *Ranger 4* 64 Stunden nach dem Start auf der Rückseite des Erdtrabanten auf.

Ranger 5

Am 18. Oktober 1962 startete der letzte der Serie, *Ranger 5*, in den stark verhangenen Himmel vor der Küste Floridas. Alles schien gutzugehen, das Ziel lag greifbar nahe. Ein Kurzschluß im Computer der Sonde jedoch legte die Energieversorgung lahm. In 735 km Entfernung zog *Ranger 5* schweigend am Mond vorbei, dem gleichen Schicksal entgegen wie *Ranger 3*.

Die Folgen

Das erneute Fiasko machte keine Schlagzeilen. Sie wurden von der Kubakrise bestimmt. Im JPL aber herrschte größte Unruhe. Pickering setzte einen internen Untersuchungsausschuß ein. Im Hauptquartier jedoch standen die Zeichen auf Sturm. Webb, Silverstein und Homer Newell, Weltraumforscher der ersten Stunde und nun Wissenschaftschef der NASA, hatten hier endlich eine Möglichkeit, der Truppe um Pickering ordentlich die Leviten zu lesen und auch die Zügel fester anzuziehen. *Ranger* war ja nicht als eigenständiges Experimentier- und Forschungsprogramm gedacht, sondern sollte, wie erwähnt, wichtige Entscheidungshilfen für *Apollo* liefern.

Washington installierte eine eigene Untersuchungskommission unter Albert J. Kelley, die drei Wochen lang die *Ranger*-Aktivitäten, aber auch Managementstrukturen und Qualitätskontrollen im JPL gründlich unter die Lupe nahmen. Der Schlußbericht wartete nicht nur mit harter Kritik an den technischen Standards und dem nachlässigen Management auf, sondern wies auch darauf hin, daß die „Block II"-*Ranger* in ihrer Auslegung viel zu sehr den parallel entwickelten *Mariner*-Planetensonden ähnelten und damit zu kompliziert und nicht optimal für die Mondmissionen seien. Die „Block III"-*Ranger*, so der Bericht, sollten entsprechend neu konzipiert und nun nicht mehr der harten Sterilisationsprozedur unterzogen werden. Ferner wurde eine klare Zuständigkeitsregelung für die *Atlas-Agena* sowie die Einschaltung der Industrie für die Integration und die Tests der Sonden gefordert. Warnend klang jedoch an, daß diese Maßnahmen allein nun nicht den Erfolg garantieren könnten. Wie zutreffend diese Einschränkung war, sollte sich bald herausstellen.

Mit *Mariner* zur Venus

Bereits im Juli 1960 hatte Robert Parks vom JPL der Chefetage der NASA konkretere Vorstellungen zur Erkundung von Mars und Venus vorgetragen. Für die nächste günstige Gelegenheit für einen Start zum roten Erdennachbarn sei es schon zu spät, aber ein Vorbeiflug an der Venus 1962 läge durchaus im Bereich des Möglichen.

In Pasadena waren die Ingenieure dabei, die *Mariner*-Serie zu konzipieren. Auch hier griff man, im nachhinein betrachtet, viel zu

Der „schwere Sputnik"

Im Oktober 1960 beobachteten die Amerikaner zwei Starts in der UdSSR im Abstand von vier Tagen, die jedoch nicht den Erdorbit erreichten. Sie fielen exakt in die optimale Flugposition zum Mars. Am 4. Februar 1961 gab die Sowjetunion den Start eines „schweren Sputnik" von 6483 kg Masse bekannt. Bereits nach dem ersten Umlauf war aus Moskau zu vernehmen, daß die Mission beendet sei. Knapp 23 Tage umkreiste der stumme Satellit die Erde, bis er verglühte. Sein eigentliches Ziel offenbarte sich am 12. Februar 1961, als die UdSSR den Beginn einer Venusmission meldete. Der „schwere Sputnik" konnte nun als eine in der Parkbahn gestrandete Venussonde identifiziert werden. *Venera 1* sollte am 19. Mai 1961 den Planetennachbarn erreichen, würde aber, das zeigten die Kursberechnungen, in 100000 km Entfernung an ihm vorbeiziehen. Doch bereits am 19. Februar, nach einer Flugstrecke von 2 Mio. km, riß die Funkverbindung zur Sonde ab.

hoch. Als Oberstufe war die *Centaur* anvisiert, entsprechend schwere Sonden angedacht. Die *Mariner* sollten mit aufwendigen Instrumenten befrachtet werden. Manches mutet wie ein Vorgriff auf die über ein Jahrzehnt später entstandenen *Voyager*-Sonden an. Am Rande entwickelte das JPL-Team eine abgespeckte Version, *Mariner R* genannt, wobei das *R* für *Ranger* stand. Mit dieser 200 kg schweren Sonde und der *Atlas-Agena* war ein Vorbeiflug an der Venus zu schaffen. Im Sommer 1961 wurde offenkundig, daß die *Centaur* noch auf sich warten lassen würde. So fiel am 30. August 1961 – auch unter dem Eindruck des Titow-Fluges – die Entscheidung, so schnell wie möglich *Mariner R* für eine Venusmission im Sommer 1962 herzurichten.

Der Projektmanager

Leiter des Arbeitskreises wurde Jack James, ein alter Fuchs aus der Zeit der *Sergeant*- und *Corporal*-Raketen, der rasch Organisationsstrukturen für ein optimales Arbeiten seines Teams schuf. Er machte allen Beteiligten klar, daß es das erste Ziel sein mußte, Gewicht einzusparen, wo es nur ginge. Bei *Lockheed* setzte James durch, daß die *Agena-B*-Oberstufe um 50 kg leichter gemacht wurde. Hart beschnitt er die Wünsche der Wissenschaftler. Nur die notwendigsten und nicht zu komplizierten Experimente sollten mit auf die Reise gehen. Übrig blieben ein Mikrowellen-Radiometer zur Bestimmung der Oberflächentemperatur, ein Infrarotsystem zur Untersuchung des Wärmehaushalts der Venusatmosphäre sowie kleinere Meßeinrichtungen, darunter auch ein Magnetometer. Zusammen war das wissenschaftliche Instrumentarium nur noch 19 kg schwer. Knapp 14 Millionen Dollar standen für das Projekt zur Verfügung. James kam nicht nur mit dem Geld aus, sondern hielt auch den engen Zeitplan ein.

Kein guter Auftakt

Am 22. Juli 1962 stand *Mariner 1* an der Spitze der *Atlas-Agena* zum Start für einen Venus-Vorbeiflug bereit. Einflußreiche Abgeordnete waren am Cape eingetroffen, um sich das spektakuläre Schauspiel eines noch fast nächtlichen Starts, 4.26 Uhr Ortszeit, nicht entgehen zu lassen. Ihnen wurde weit mehr geboten, als sie erwartet hatten. Zwei triviale Fehler in der *Atlas*, die unglücklich zusammentrafen, führten zu einer Kursabweichung, die den Sicherheitsoffizier veranlaßte, die Rakete im Fluge zu sprengen. Ein gigantisches Feuerwerk erhellte den fast dunklen Himmel über der Küste; kein guter Auftakt für den Aufbruch zu den Planeten.

Richtung Venus

Mariner 2 startete dann am 27. August 1962 von der Rampe 12. Fast sah es so aus, als ob sie das Schicksal der Vorgängersonde teilen würde, denn nach dem Abheben begann die *Atlas* plötzlich, mit einer Umdrehung pro Minute um die Längsachse zu rotieren. Zum Glück konnte nach der Abtrennung das Kontrollsystem der *Agena* diesen Spin neutralisieren. Nach einem kurzen Flug in der Parkbahn zündete die Oberstufe erneut und beförderte *Mariner 2* in Richtung Venus. Während des Fluges wurden kontinuierlich Meßdaten aus dem interplanetaren Raum übermittelt und so zum Beispiel erstmals eine klarere Vorstellung vom Sonnenwind gewonnen. Am 14. Dezember 1962 passierte *Mariner 2* in 34 745 km Abstand den Nachbarplaneten und lieferte 41 Minuten lang Informationen. Niemand konnte ahnen, daß sie eine astronomische Sensation ersten Ranges enthielten.

Nur noch zweimal in der langen *Mariner*-Geschichte gab es Fehlschläge: Nach dem Start von *Mariner 3* in Richtung Mars am 5.

Erste Informationen über die Venusoberfläche

Bekanntlich ist die Venus-Oberfläche unter einer kompakten Wolkendecke verborgen, die im optischen Bereich nicht durchsichtig ist. Bis zum *Mariner*-Vorbeiflug gab es nur Spekulationen, wie es auf dem Planeten aussehen könnte. Eine tropische Urzeitlandschaft mit Sauriern bevölkert, wie sie auf der Erde vor etwa 100 Millionen Jahren zu finden war, ein den Planeten komplett bedeckender Ozean oder eine staubtrockene, heiße Wüste: Eine breites Angebot war also in der Diskussion, gestützt mit mehr oder weniger plausiblen Argumenten. Die Mikrowellendaten brachten überraschend Klarheit. An der Oberfläche herrschten Temperaturen um 450°C, und das sowohl auf der Tag- als auch auf der Nachtseite. Eine weitere unerwartete Information: Offensichtlich besaß der Planet kein Magnetfeld. Als der infernalische Temperaturwert bekannt wurde, gab es gleich aufgeregte Diskussionen, ob die Messungen nicht falsch interpretiert worden seien. Heute wissen wir, daß ein extremer Treibhauseffekt für die hohe Temperatur verantwortlich ist. Bis aus einer Entfernung von 86,4 Mio. km konnten noch Daten von der Sonde empfangen werden.

Rechts:
Die *Saturn-V*-Trägerra-
kete spielte die Schlüs-
selrolle in der Planung
der bemannten Mond-
mission

November 1964 klappte die Nutzlastverkleidung an der Raketenspitze nicht ab. So war eine Kommunikation mit der Sonde unmöglich. Sie gelangte – samt „Verpackung" – auf eine Bahn um die Sonne. *Mariner 8* sollte zum ersten amerikanischen Mars-Satelliten werden. Nach dem Start am 8. Mai 1971 versagte die *Centaur*-Stufe und stürzte samt Sonde in den Atlantik.

Gesucht: Der beste Weg zum Mond

An der Ostküste der Vereinigten Staaten waren im Sommer 1961 die Planungen für das *Apollo*-Programm angelaufen, und damit begann eine heiße und höchst kontroverse Diskussion über den besten Weg zum Mond. Eine Schlüsselrolle konnte dabei jenem gigantischen Booster zukommen, der unter von Brauns Leitung in Huntsville entwickelt wurde und später den Namen *Saturn V* erhielt.

Robert R. Gilruth lei-
tete die *Space Task
Group* und später das
*Manned Spacecraft
Center* während der
Mercury-, Gemini- und
Apollo-Missionen

Der direkte Flug – Utopie?

Das nächstliegende Konzept ist der direkte Flug zum Erdtrabanten: Eine schubstarke fünfstufige Rakete dient als Träger für das bemannte Raumschiff. Die ersten drei Stufen zünden hintereinander und beschleunigen die beiden oberen Stufen samt Raumschiff in Richtung Mond. Bei der Annäherung an den Erdtrabanten wird Stufe 4 als Bremstriebwerk aktiviert, so daß die Kapsel, verbunden mit den beiden Stufen, weich landen kann. Nach Beendigung der Mission erfolgt der Rückflug zur Erde mit Hilfe der 5. Stufe, wobei die ausgebrannte Stufe 4 als Startplattform dient. Gebremst wird aerodynamisch mit der Erdatmosphäre, die Landung erfolgt am Fallschirm.

Vom Manöverablauf betrachtet, ist das sicherlich die einfachste Methode. Sie hatte ihre Anhänger in der NASA, vor allem bei Bob Gilruths STG in Langley. Hier hatte Max Faget sich bereits intensive Gedanken über das Raumschiff gemacht. Aber beim direkten Flug gab es ein Problem. Die dafür erforderliche Rakete mußte doppelt so leistungsfähig sein wie die *Saturn V*, und das schien den erfahrenen Konstrukteuren mehr als utopisch. Auf dem Papier existierte zwar ein Entwurf für ein derartiges technisches Monstrum, das *Nova* genannt

Vorzüge des EOR

Von Braun setzte sich, wie seine Biographen Stuhlinger und Ordway berichten, auch noch aus einem anderen Grund für das EOR ein:

„Die Reise zum Mond war für ihn nicht Selbstzweck… Operationen im Erdorbit wie zum Beispiel Rendezvous-Manöver, Transfer von Treibstoffen, Montage von Raumfahrzeugen, Änderungen und Reparaturen und insbesondere Rettungsverfahren sollten entwickelt werden. Das Erdorbit-Rendezvous-Verfahren würde praktisch ohne Extrakosten eine ideale Gelegenheit bieten, viele dieser Einsatzmöglichkeiten in Erdumlaufbahnen zu entwickeln. Diese stünden dann als bereits erprobte Technologien und Techniken für andere Projekte zur Verfügung."

wurde. Es hätte aber Jahre gedauert, entsprechende Prüfstände und Fertigungsanlagen zu entwickeln. Wollte man Kennedys Zeitplan einhalten, war ein realistischeres Konzept gefragt.

Rendezvous im Erdorbit

Das Von-Braun-Team favorisierte daher einen anderen Weg, das Erdorbit-Rendezvous-Verfahren (EOR): Zwei *Saturn-V*-Raketen werden unabhängig voneinander gestartet und begegnen sich im Erdorbit. Eine *Saturn V* transportiert das Raumfahrzeug, das mit drei Stufen verbunden ist. Die andere Rakete ist ein Transporter, der Treibstoff für diese Stufen trägt. Nach dem Betanken läuft die weitere Prozedur analog der direkten Methode ab. Die erste Stufe besorgt den Weg zum Mond. Landung und Rückkehr zur Erde erfolgen mit den beiden übrigen Stufen. Dieses Verfahren war praktikabel.

Das LOR-Verfahren

Denkbar war aber auch ein anderer Weg, der ein Rendezvous im Mondorbit (LOR) vorsah. Hierbei startet eine dreistufige Trägerrakete in eine Parkbahn um die Erde. Die dritte Stufe zündet erneut und befördert ein komplexes System, bestehend aus einem Landefahrzeug mit zwei Triebwerksaggregaten sowie einem Mutterschiff, ausgestattet mit einem größeren Antriebssystem, in Richtung Erdtrabant. Nach dem Einschwenken in den Mondorbit wird der Lander abgekoppelt und geht mit Hilfe des Bremstriebwerks auf der Oberfläche nieder. Sein zweites Triebwerk besorgt später den Rückstart vom

Erdtrabanten. Der Lander dockt an das Mutterschiff an; dann erfolgt der Umstieg der Besatzung. Anschließend wird der Lander abgetrennt und das Triebwerk des Mutterschiffs für die Rückkehr zur Erde gezündet. Wiedereintritt in die Erdatmosphäre und Landung werden mit einer Kapsel vollzogen, die ein Teil des Mutterschiffs ist.

Auseinandersetzungen

Diese kompliziert anmutende Technik war nicht neu. Sie wurde bereits 1916 von Juri Kondratjuk, einem noch bis heute nicht umfassend gewürdigten russischen Raketen- und Raumfahrtpionier, erstmals beschrieben und 1928 durch das Konzept der aerodynamischen Abbremsung bei der Rückkehr zur Erde ergänzt. Das LOR-Verfahren geriet aber nicht in völlige Vergessenheit, wie oft behauptet wird. Seit Ende der vierziger Jahr gab es immer wieder Untersuchungen dazu, und auch bei der NASA befaßte sich 1960 ein Ingenieurteam in Langley ausführlich mit dieser Technik. Ins Rampenlicht der öffentlichen Diskussion trat sie aber erst mit John C. Houbolt, der ebenfalls in Langley tätig war. Häufig wird in diesem Zusammenhang der Eindruck vermittelt, daß Houbolt der „Erfinder" des LOR gewesen sei und mit ihm gewissermaßen auf die genial einfache Lösung gekommen war.

Houbolt wandte die klassischen Überlegungen auf das *Apollo*-Projekt an und kam zu dem Schluß, daß der Mondflug mit nur einer einzigen *Saturn V* wirtschaftlich durchgeführt werden könnte. Nun tat der renommierte Langley-Ingenieur etwas, was auch bei einer amerikanischen Behörde nicht unbedingt gern gesehen wird. Er umging den offiziellen Dienstweg und schrieb am 16. Mai 1961 direkt an Bob Seamans, die Nummer drei in der Führungsspitze der NASA, und beschrieb ausführlich die Vorzüge der LOR-Methode.

Seamans berief am 25. Mai 1961, vermutlich auch unter dem Eindruck von Houbolts Brief, ein Expertenteam, mittlerweile das zweite, das nun die diskutierten Konzepte gründlich prüfen sollte. Inzwischen war auch aus Pasadana noch ein Vorschlag hinzugekommen, der den Einsatz mehrerer unbemannter *Saturn-V*-Raketen vorsah, die zunächst das Rückkehrfahrzeug, Treibstoff und Forschungsgerät auf dem Mond absetzen sollten. Erst wenn das alles sicher bereitstände, sollten die Astronauten folgen.

Es würde ein Buch füllen, die Auseinandersetzungen und Frontenbildungen zu beschreiben. Später wies Seamans in diesem Zusammenhang rückblickend darauf hin, „daß keine Frage im gesamten Raumfahrtprogramm je so ausgiebig untersucht und debattiert worden sei. Ungefähr eine Million Arbeitsstunden seien aufgewandt worden, um herauszufinden welcher Weg zum Mond der beste sei." Auf der Arbeitsebene waren es die Teams um Gilruth und von Braun, deren Vorstellungen stark auseinandergingen. Die Bedenken des *Manned Spacecraft Center* waren durchaus verständlich, mußten doch bei der LOR-Methode die komplizierten Manöver im Mondorbit computergesteuert durchgeführt werden, und das zum Teil auf der Rückseite des Erdtrabanten. Gerade hinsichtlich der Computer sei daran erinnert, daß man erst das Jahr 1961 schrieb.

Der LOR-Vorschlag war, so wie ihn Houbolt durchgerechnet hatte, nicht sehr realistisch. Er war zum Beispiel von einem Mondlandefahrzeug ausgegangen, das betankt knapp 4,5 t wiegen sollte. Max Faget, der das Gerät plante, hatte für diese Zahl nur ein müdes Lächeln übrig. Die Landefähre, die 1969 erstmals Menschen auf dem Mond absetzte, wog dann mehr als 15 t. Gilruth favorisierte längere Zeit die direkte Methode, von Braun hingegen das EOR-Verfahren.

Sinneswandel

Brainerd Holmes, der Chef der neuen Abteilung für bemannte Raumfahrt in der NASA-Zentrale, drängte auf eine endgültige Entscheidung. Als erste Amtshandlung beauftragte er im November 1961 Milton Rosen, inzwischen bei der Weltraumbehörde für Trägerraketen und Antriebe verantwortlich, mit einer Expertengruppe das optimale Konzept herauszufiltern. Der Vorschlag des Rosen-Teams: das EOR-Verfahren.

Ende 1961 begann im *Manned Spacecraft Center* ein Umdenken: Gilruth hatte erfahren, daß es bei IBM erhebliche Fortschritte bei den Computern gegeben hatte und rechnergesteuerte Manöver, ganz gleich wo sie sich im Mondorbit abspielten, jetzt mit hoher Zuverlässigkeit möglich seien. Hinzu kamen konkretere Vorstellungen über die zu transportierenden Massen, für die eine *Saturn V* ausreichte. Gilruth schwenkte jetzt auf das LOR-Verfahren um, das nun mit realitätsnaheren Daten als jene, die Houbolt zugrunde gelegt hatte, recht attraktiv erschien.

Auch von Braun löste sich langsam von der offiziellen Marschrichtung seines Centers, die ja eindeutig EOR hieß. Im Frühjahr 1962 teilte er seiner Mannschaft mit, daß er sich für das LOR entschieden habe. In Huntsville verstand man die Welt nicht mehr. Warum dieser Sinneswandel? Im wesentlichen waren es Zeit- und Kostenargumente, die von Braun zu dieser Kehrtwendung veranlaßten.

Die Entscheidung

So merkwürdig es klingen mag: Gilruth und von Braun mußten erst ihren Chef Holmes überzeugen, der mit anderen Führungskräften in der Weltraumbehörde eisern an der EOR-Technik festhielt. Zu dieser Front zählte auch Jerome Wiesner, Kennedys wissenschaftlicher Berater. Daß dann am 11. Juli 1962 die Entscheidung der NASA für das Mond-Rendezvous-Verfahren fiel, ist mit ein Verdienst Houbolts, der mit fast missionarischem Eifer immer wieder Seamans auf die Vorzüge des LOR hinwies und damit wichtige Überzeugungsarbeit in der Führungsspitze der NASA geleistet hatte.

Am 7. November 1962 verkündete James Webb offiziell, daß Amerikas Weg zum Erdtrabanten über das LOR-Verfahren führen würde. Für die *Saturn-V*-Rakete einschließlich ihres Trägheitsnavigationssystems war das MSFC in Huntsville unter Wernher von Braun verantwortlich. Gilruths MSC erhielt die Zuständigkeit für die Entwicklung des Mutterschiffs, der Mondlandeeinheit und der Rückkehrkapsel. Die für diese Aggregate notwendigen Steuer- und Navigationssysteme sollten aus dem Institut von Charles Stark Draper am *Massachusetts Institute of Technology* (MIT) kommen. Jetzt war die Marschrichtung klar. Was nun benötigt wurde, waren Informationen über die Beschaffenheit der Mondoberfläche. Sie mußten die Grundlage für die Konstruktion der Landeeinheit liefern.

Ranger – ein neuer Anlauf

Als am 30. Januar 1964 die *Atlas-Agena-B* mit *Ranger 6* am Cape Canaveral in Richtung Mond startete, hatte sich die politische Landschaft in den USA verändert. Präsident Kennedy war am 22. November 1963 einem Attentat zum Opfer gefallen. Die Raumfahrt hatte ihren bedeutendsten Impulsgeber verloren, der nicht nur aus politischem Machtkalkül auch hier den Aufbruch zu neuen Ufern forderte, sondern in seiner kurzen Amtszeit ein hohes Maß an Verständnis und persönlichem Interesse für dieses Neuland mit seinen schier unbegrenzten Möglichkeiten entwickelt hatte.

Sein Nachfolger Lyndon B. Johnson war bekanntlich seit Jahren für die Raumfahrt eingetreten, fast zu stark, wie manche Beobachter meinten. Sie verglichen ihn in dieser Hinsicht ein wenig mit Nikita Chruschtschow, der sich in seinem Lande aus vielschichtigen Motiven einen direkten Durchgriff auf die Weltraumaktivitäten gesichert hatte. Kennedy hatte es verstanden, die NASA vor der zu engen Umarmung durch seinen Stellvertreter zu bewahren. Eines stand fest: Johnson würde, solange ihm der Kongreß die finanziellen Mittel bewilligte, die Raumfahrt eher noch forcieren, und das sowohl im zivilen als auch im militärischen Bereich.

Ranger 6

Zurück jedoch zum 30. Januar 1964: *Ranger 6*, das erste Exemplar der nun nach den Forderungen der Untersuchungskommission gründlich modifizierten „Block III"-Version, nur mit zwei Fernsehkameras als Nutzlast ausgestattet, wurde auf Absturzkurs in Richtung Mond gestartet. Vorangegangen waren harte Gespräche zwischen der Zentrale und dem JPL, mit dem Inhalt, die Sonde wirklich nur auf die Reise zu schicken, wenn es nicht den geringsten Zweifel an ihrer Zuverlässigkeit gäbe. Der Start verlief perfekt. Eine kleine Anomalie registrierte man allerdings im Kontrollraum: 141 Sekunden nach dem Abheben, beim Abtrennen der Hilfstriebwerke der *Atlas*, wurde für 67 Sekunden die Statusüberwachung für das TV-System von *Ranger 6* aktiviert. Der Flug zum Mond verlief nach Plan. Am 2. Februar, kurz nach Mitternacht, war das Kármán-Auditorium des JPL überfüllt. Die Presse sowie Mitarbeiter des JPL und der NASA warteten gespannt auf die entscheidenden Minuten, wenn *Ranger 6* in das Mare Tranquillitatis stürzen würde. NASA-Prominenz wie Edgar Cortright, verantwortlich für das Mond- und Planetenprogramm, sowie Homer Newell war angereist, um die Nahinspektion des Mondes mitzuerleben. Mit großem Jubel wurde die Mitteilung aufgenommen, daß die Daten den Beginn der Aufwärmphase der Kameras signalisiert hätten. Doch die

Bilder ließen auf sich warten. Die TV-Monitore blieben dunkel. Das Signal von *Ranger 6* riß ab. Einschlag ...

Ernste Schwierigkeiten

Mit dieser erneut gescheiterten Mission war nun nicht nur das 252-Millionen-Dollar-Projekt in ernste Schwierigkeiten geraten, sondern auch das JPL. Eine interne Fehlersuche ergab, daß das unvorhergesehene Einschalten des TV-Systems kurz nach dem Start zu einem Kurzschluß geführt hatte. Bei der NASA in Washington war man außer sich, denn aus dem Kongreß war zu hören, daß man aufgrund des *Ranger*-Desasters über eine Verschiebung des Mondfluges nachdenke. Die Weltraumbehörde wurde vor den zuständigen Ausschuß des Repräsentantenhauses zitiert und gemeinsam mit den Verantwortlichen des JPL drei Tage lang in die Mangel genommen. Joseph E. Karth, sein Vorsitzender, erklärte unverblümt, daß man eine Fortsetzung des Programms für überflüssig halte. Homer Newell verteidigte *Ranger* und wies darauf hin, daß es integraler Bestandteil eines größeren Konzepts und für die Vorbereitung der Mondlandung unerläßlich sei. Karths Ausschuß gab nach und forderte eine strengere Kontrolle des JPL durch die Zentrale. Pickering sollte einen Stellvertreter erhalten, der für die täglich zu treffenden Managemententscheidungen verantwortlich sein und nach Washington berichten sollte. Alvin R. Luedecke, Generalmanager der US-Atomenergiebehörde und ehemals hochrangiger Militär, übernahm den Job in Pasadena, und das mit Erfolg.

Ranger 7 bis *9*

Der Bann war gebrochen. Am 28. Juli 1964 startete *Ranger 7*. Die Fehlerquelle für den Kurzschluß war eliminiert und die Sonde auf perfektem Kurs. Wieder war das Auditorium in Pasadena gut gefüllt. Eine Direktschaltung nach Washington vereinte in der Zentrale Abgeordnete, NASA-Spitzen und Reporter. Genau zur berechneten Zeit begann die Sonde, Bilder aus dem Mare Nubium zu übermitteln. Bis zum Aufschlag, der 12 bis 15 km vom berechneten Zielpunkt entfernt erfolgte, wurden 4316 Aufnahmen bester Qualität übertragen. Präsident Johnson gratulierte sofort und empfing einen Tag später Newell und Pickering im Weißen Haus, voll des Lobes für den Erfolg und für

Ranger 9 auf Crash-Kurs zum Krater Alphonsus. Diese Aufnahme entstand aus 1240 km Höhe

die NASA. Jetzt hätte man endlich die lange erwartete Führung übernommen. Immerhin standen in 96 Tagen Wahlen vor der Tür.

1965 erreichten *Ranger 8* und *9* ihre Ziele mit hoher Perfektion. Die Bilder der letzten Mission, vom Sturz in den Krater Alphonsus, wurden live in die nationalen Fernsehnetze eingespeist. Genaugenommen kam der Erfolg zu spät. Wichtige Entscheidungen bei der Konstruktion der Mondlandefähre mußten bereits früher getroffen werden. Die Sowjetunion hatte sich auf die weiche Landung einer Sonde konzentriert, erlitt aber einen Fehlschlag nach dem anderen. Doch war es nur noch eine Frage der Zeit, bis sie es schaffen würde. Auch die NASA plante das Absetzen von Sonden auf der Oberfläche des Erdtrabanten im Rahmen des Projekts *Surveyor.*

Surveyor und *Lunar Orbiter*

Im zweiten Anlauf

In Pasadena hatte man bei den Problemen mit *Ranger* und der Beschäftigung mit den *Mariner*-Sonden die Planung für *Surveyor* in den Hintergrund gedrängt. Der Auftrag für den Bau von sieben dieser Sonden war ohnehin außer Haus an das Unternehmen *Hughes Aircraft* vergeben worden. Pickering erhielt aus Washington böse Briefe.

Webb erwog ernstlich, das CalTech aufzufordern, den JPL-Chef zu entlassen. Diskutiert wurde auch, das Center in Pasadena zwangsweise zu „verstaatlichen". Beide Ideen wurden verworfen, um nicht die laufenden Programme zu gefährden. Die Kalifornier hatten aber erkannt, daß sie erneut in eine existenzbedrohende Krise geraten könnten, und nahmen sich ernsthaft des *Suveyor*-Programms an. Parallel dazu lief die Flugqualifikation der *Centaur*-Oberstufe. Ein erster Versuch mit der *Atlas-Centaur*-Kombination, am 2. März 1965 ein Testmodell von *Surveyor* in eine simulierte Übergangsbahn zum Mond zu bringen, scheiterte bereits vier Sekunden nach dem Start durch einen Fehler in der *Atlas*. Der zweite Anlauf am 11. August 1965 war erfolgreich. Das Programm schien auf dem richtigen Weg zu sein.

Der erste Mondsatellit

Am 31. Januar 1966 schickte die UdSSR *Luna 9* zum Mond, und dieses Mal gelang die weiche Landung im Oceanus Procellarum. In den Morgenstunden des 4. Februar wurde die Fernsehkamera aktiviert und ein Panoramabild der Umgebung übermittelt. Das britische Radioteleskop in Jodrell Banks hatte die Landung verfolgt und später dann die Videosignale in ein Bild umgesetzt, das sehr zum Ärger Moskaus noch vor der eigenen Veröffentlichung um die Welt ging. Zwar war die Sonde vergleichsweise primitiv und kurzlebig, doch verfehlte sie ihre psychologische Wirkung auf die amerikanische Öffentlichkeit nicht. Zwei Monate später folgte der nächste Schock. *Luna 10*, gestartet, am 31. März 1966, wurde zum ersten Mondsatelliten. In allen Fernsehnachrichten erschienen die Bilder von den ergriffen lauschenden Parteitagsdelegierten und ihrem Generalsekretär Breschnew in Moskau, als aus dem Mondorbit von Bord der Sonde die Internationale erklang.

Nun waren die USA am Zuge

Surveyor 1, ausgewiesen als Systemtest, startete am 30. Mai 1966 und landete knapp 64 Stunden später nördlich des Kraters Flamsteed. Die Sonde übertraf alle Erwartungen. 10 338 Bilder lieferte sie am ersten Mondtag und dazu viele physikalische Daten über die Struktur der Oberfläche. Sie überlebte die Dunkelheit und Kälte der Mondnacht und übermittelte da-

Wichtige Erkenntnisse durch *Lunar Orbiter*

Für die fünf *Lunar-Orbiter-Flüge* wurden Bahnen unterschiedlicher Neigung und Höhe ausgewählt. Innerhalb eines Jahres, die letzte Sonde startete am 1. August 1967, wurden etwa 99 Prozent der Mondoberfläche aufgenommen, darunter acht mögliche *Apollo*-Landeplätze im Detail. Trotz leichter Ausfälle in zwei der Orbiter war das Bildmaterial überwältigend und von hoher Qualität. Bis heute ist es die Grundlage der modernen Mondkartographie, die vermutlich erst in den nächsten Jahren durch die 1994 mit der Raumsonde *Clementine* gewonnenen und in der Auswertung befindlichen Aufnahmen und Daten abgelöst werden könnte.

Aus der Bahnverfolgung der *Lunar Orbiter* gewann man erstmals detaillierte Informationen über Massenkonzentrationen, über die sogenannten „Mascons", im Inneren des Erdtrabanten. Diese Erkenntnisse über die Anomalien des lunaren Schwerefelds waren für die Planung der bemannten Landung von eminenter Bedeutung. Alle Orbiter zerschellten nach dem Ende ihrer Mission auf der Oberfläche, vier davon wurden gezielt zum Absturz gebracht. Mit dieser Fülle von Bildern und Daten aus den drei Programmen war eine der elementaren Voraussetzungen für die bemannte Mondlandung gegeben. Nun kam es darauf an, daß die Menschen und Maschinen für dieses Unternehmen auf gleicher Höhe waren.

nach noch einmal 899 Aufnahmen der Umgebung. Bis zum 7. Januar 1967 konnte der Kontakt zu *Surveyor 1* gehalten werden. Das weitere Programm verlief bis auf zwei Fehlschläge (*Surveyor 2* und *4)* sensationell gut und fand seinen krönenden Abschluß mit der Landung von *Surveyor 7* am 10. Januar 1968 nördlich des Kraters Tycho. Neben

Aus 48 km Höhe fotografierte *Lunar Orbiter 2* die Ausläufer des Oceanus Procellarum

21 000 Bildern lieferte die letzte Sonde wichtige Resultate der physikalischen und chemischen Bodenuntersuchungen.

Fast unbemerkt war 1966 auch das dritte Erkundungsprogramm, *Lunar Orbiter*, einsatzbereit. Am 10. August 1966 startete die erste dieser bei *Boeing* gebauten Sonden, deren Projektführung beim Langley-Center der NASA lag, mit der *Atlas-Agena-D*. An Bord befand sich der etwa 380 kg schwere Raumflugkörper, ausgerüstet mit einem Kamerasystem, das mit einem Film arbeitete, der im *Lunar Orbiter* entwickelt und danach elektronisch abgetastet wurde. Aus der Mondumlaufbahn wurden die Bildinformationen zur Erde übertragen. Durch die Speicherung an Bord konnten sie beliebig oft abgerufen werden.

Gemini – ein neues System, ein neues Programm

Die *Titan*

Zur Vorbereitung auf die bemannte Mondlandung war es notwendig, ein Trainingsprogramm vorzuschalten, das die eingehende Erprobung von Rendezvous- und Kopplungstechniken sowie den Ausstieg in den freien Raum zum Inhalt hatte. Zudem konnte so auch die zeitliche Lücke zwischen *Mercury* und *Apollo* sinnvoll geschlossen werden. Bereits im Dezember 1961 hatte die NASA eine entsprechende Entscheidung getroffen. Für das neue Projekt mit dem Namen *Gemini* war aber weder die *Mercury*-Kapsel noch die *Atlas*-Trägerrakete geeignet. Die Wahl fiel auf eine neue Interkontinentalrakete, die zweistufige *Titan*, die am 6. Februar 1959 erstmals im Flug getestet wurde. Sie hatte die Vorzüge, robuster als die *Atlas* zu sein und mit lagerfähigen Treibstoffen betrieben zu werden. In der Version *Titan 2* war sie geeignet, ein zweisitziges Raumschiff, etwa 3,3 t schwer und technisch recht komfortabel ausgestattet, in eine erdnahe Umlaufbahn zu bringen.

Der Entwurf

Das Raumschiffkonzept stammte wieder von einem Team um Max Faget, die Fertigung wurde erneut *McDonnell* übertragen. *Gemini* bestand aus einer Rückkehrkapsel und einer Adaptersektion, die zwei-

Das zweisitzige *Gemini*-Raumschiff. Daneben zum Vergleich die *Mercury*-Kapsel

teilig ausgelegt war. Hier waren das Bremssystem, ein Teil der Energieversorgung und Triebwerksaggregate sowohl für die Bahn- als auch für die Lagekorrektur untergebracht. An der Spitze des Raumschiffs befanden sich das Bergungssystem und ein Rendezvous-Radar. Im Gegensatz zu *Mercury* hatte man auf den Rettungsturm verzichtet und dafür in *Gemini* Schleudersitze eingebaut. Im Katastrophenfall, bis in maximal 20 km Höhe, wären die beiden Einstiegsluken weggesprengt und die Astronauten hinauskatapultiert worden. Ursprünglich sah das Konzept eine Landung auf dem Festland vor, doch diese Idee wurde 1963 wieder verworfen.

Die Rolle der *Air Force*

Die *Titan 2* war eine Entwicklung der *Air Force*, die, wie in kaum einem anderem NASA-Projekt, kräftig Einfluß auf *Gemini* nahm. Sie hielt sich weder an vereinbarte Preise noch an Liefertermine, was mit zu der erheblichen Verteuerung des Programms beitrug. Ursprünglich waren die NASA-Planer von 350 Millionen Dollar ausgegangen. Die Schlußabrechnung zeigte aber, daß sich die Kosten nahezu verdreifacht hatten.

Rechts:
Start einer *Titan-2-*Rakete mit *Gemini 2*

Als die NASA begann, ihre konkrete Planung auf die *Titan 2* abzustellen, kam die *Air Force* plötzlich mit dem Vorschlag heraus, die Weltraumbehörde möge doch auf eine neue Version, *Titan 3,* warten,

die über 13 t in den nahen Erdorbit befördern könnte. Das Pentagon hatte die Entwicklung dieses leistungsstarken Boosters speziell als Träger der *X-20*, des *Dyna Soar*, forciert. In den heißesten Phasen des kalten Krieges dachten die Militärs daran, den Raumgleiter in einer fortgeschrittenen Version auch waffentechnisch offensiv im Orbit einzusetzen, sei es zur Zerstörung „feindlicher" Satelliten oder sogar als Träger von Atombomben. In der Kennedy-Ära begann sich jedoch die Meinung durchzusetzen, daß jede militärische Konfrontation im Weltraum vermieden werden sollte. Verteidigungsminister McNamara war ohnehin nicht von der Notwendigkeit des *Dyna Soar* überzeugt und sah, zumindest im Entwicklungsbereich, Parallelarbeiten zum *Gemini*-Programm.

Aus für *Dyna Soar*

Die *Air Force*, existentielle Probleme für ihren Raumgleiter witternd, versuchte mit Einbindung der NASA soviel wie möglich zu retten. Daher der Vorschlag, *Gemini* mit der *Titan 3* zu fliegen. „Es war so, als ob man einem Händler angeboten hatte, sein Dutzend Eierkisten anstatt wie bisher mit dem kleinen Lieferwagen nun mit dem großen Überlandtruck entsprechend teuer zu transportieren", bemerkte dazu ein verantwortlicher NASA-Manager. Am 21. Januar 1963 kam es zu einer Abmachung zwischen McNamara und Webb, daß einige wissenschaftliche Fragestellungen der Militärs für das *Dyna-Soar*-Programm im Rahmen von *Gemini* untersucht werden sollten, was dann auch geschah und seinen Höhepunkt im Flug von *Gemini 5* fand. Die *Air Force* versuchte, für das Haushaltsjahr 1964 ein 177-Millionen-Dollar-Programm durchzubringen, das unter anderem ein sogenanntes „*Blue Gemini Project*" vorsah. Mit ihm wollten sich die Militärs die *Gemini*-Technologie für ein bemanntes Unternehmen sowohl hinsichtlich *Dyna Soar* als auch einer Orbitalstation zu eigen machen. McNamara kippte nicht nur diesen Vorschlag, sondern setzte durch, daß am 10. Dezember 1963 offiziell die Einstellung von *Dyna Soar* verkündet wurde.

Die Weichen des Erfolgs

Zwei unbemannte Testflüge, am 8. April 1964 und am 19. Januar 1965, zeigten, daß die *Titan-2-Gemini*-Kombination ein erfolgversprechendes System war, auf das neue Astronauten und interessante Experimente warteten. Inzwischen hatte die NASA wieder zukünftige Raumfahrer rekrutiert, darunter mehrere, die sich bereits bei der Auswahl für *Mercury* qualifiziert hatten.

Die Gruppe 2, berufen im September 1962, bestand aus: Neil A. Armstrong, Frank Borman, Charles Conrad jr., James A. Lovell jr., James A. McDivitt jr., Elliot M. See jr., Thomas P. Stafford, Edward H. White und John W. Young.

Im Oktober 1963 kam die Gruppe 3 hinzu: Edwin E. Aldrin jr., William A. Anders, Charles A. Bassett, Alan L. Bean, Eugene A. Cernan, Roger B. Chaffee, Michael Collins, Walter Cunningham, Donn F. Eisele, Theodore C. Freeman, Richard F. Gordon, Russell L. Schweickart, David R. Scott und Clifton C. Williams jr.

Von den „Glorreichen Sieben" konnten nur noch wenige auf eine Karriere im *Gemini*-Programm hoffen: John Glenn, der sich mit NASA-Chef Webb und anderen Hierarchen aus der Zentrale überworfen hatte, stieg als erster aus und nahm einen für 1964 mit 50 000 Dollar Jahresgehalt gut dotierten Posten in der Industrie an. Durch einen Badezimmerunfall im selben Jahr verzögerte sich Glenns Einstieg in die Politik. Immerhin schaffte er es dann doch noch, Senator zu werden. Scott Carpenter verursachte 1964 auf Bermuda einen Motorradunfall und verlor so seinen Flugstatus. Al Shepard kam aufgrund einer Mittelohrerkrankung nicht in die *Gemini*-Mannschaft, erhielt aber im *Apollo*-Programm seinen Flugstatus zurück. Slayton kam ohnehin nicht in Betracht. Nur Cooper, Grissom und Schirra konnten nun auch die neuen Raumschiffe fliegen. Nachdem Bob Gilruth die Führungsspitze reorganisiert und den energischen Chuck Mathews zum Projektmanager für *Gemini* gemacht hatte, waren die Weichen für den Erfolg gestellt.

Gemini – das Erfolgsprogramm

Riskante Prestigeflüge

Auch die Sowjetunion hatte nach Beendigung der *Wostok*-Serie eine längere Lücke in ihrem Programm zur bemannten Raumfahrt zu erwarten. Was die Amerikaner planten, war klar, und wie es aussah,

Ed White absolvierte während der Mission *Gemini 4* den ersten amerikanischen Weltraumausstieg

würde das *Gemini*-Programm seinen Zeitplan einhalten. Sergei Korojow mußte improvisieren und verfiel daher auf die Idee eines Fluges von drei Kosmonauten in einer modifizierten, das heißt ausgeweideten *Wostok*-Kapsel. Sie startete als *Woschod 1* am 12. Oktober 1964 zu einer 24-Stunden-Mission. Wieder hatte die UdSSR den Amerikanern die Schau gestohlen, mit einem, wie wir heute wissen, riskanten Prestigeflug.

In der NASA-Planung war auch der Ausstieg eines Astronauten bereits in einem der frühen *Gemini*-Unternehmen vorgesehen. Auch hier wollte Moskau die Nase vorn haben. Nach einem katastrophalen Testflug des für einen Ausstieg umgerüsteten Systems mit *Kosmos 57* startete die Sowjetunion am 18. März 1965 unter erheblichem Zeitdruck Wo*schod 2.* Alexei Leonow stieg als erster Mensch in den freien Raum aus. Dieses vom Bild her leider schlecht dokumentierte historische Ereignis brachte, wie erst in den letzten Jahren bekannt wurde, den Kosmonauten beim Wiedereinstieg in eine lebensbedrohende Situation.

Politisches Nachspiel

Das progandistische Feuerwerk aus der UdSSR nach der – allerdings unplanmäßigen – Landung der *Woschod*-Besatzung überschattete ein wenig den Start der ersten bemannten *Gemini*-Mission, *GT-3*, am 23. Mai 1965 mit Grissom als Kommandant und Young als Pilot. Während der drei Erdumkreisungen wurden erstmals handgesteuert die Bahn verändert und alle Systeme gründlich getestet. Aufsehen erregte die Tatsache, daß Grissom an Bord ein Corned-Beef-Sandwich verzehrte, vorbereitet am Boden von Wally Schirra, der es John Young zugesteckt hatte. Der Spaß provozierte auch ein politisches Nachspiel. Aus dem zuständigen Kongreßausschuß erging die dringende Empfehlung an die NASA, solche Eskapaden zu unterbinden. Die Zeit solcher Pilotenscherze sei nun vorbei.

Langzeitunternehmen

Bereits am 3. Juni 1965 startete *GT-4* mit McDivitt und White zu einem Flug über 62 Orbits, knapp 98 Stunden. Höhepunkt war der Ausstieg von Ed White, der sich an einer 7,5 m langen „Nabelschnur" 22 Minuten lang außerhalb des Raumschiffs mit Hilfe einer Manövriereinheit bewegte. Die eindrucksvollen Bilder verdrängten nicht nur in den USA das Trauma von einer sowjetischen Überlegenheit in der bemannten Raumfahrt.

Der Langzeitrekord von *Wostok 5* mit 81 Erdumkreisungen wurde von *GT-5*, gestartet am 21. August 1965, eingestellt. 120mal umrundeten Cooper und Conrad die Erde und zeigten, daß ihnen die knapp neun Tage im Orbit keine Schwierigkeiten bereiteten. 17 wissenschaftliche Experimente, darunter einige für die *Air Force*, standen auf dem Programm. Die Besatzung verfolgte unter anderem die Entwicklung eines Taifuns und war mit Erdbeobachtungen beschäftigt. Erstmals wurden Brennstoffzellen zur Energieversorgung eingesetzt.

Für den 25. Oktober 1965 war der Start von *GT-6* geplant, mit dem Ziel eines Rendezvous und der Kopplung mit einer *Agena-D*-Oberstufe. Der Versuch, diese mit einer *Atlas* in die Umlaufbahn zu bringen, scheiterte. Sechs Minuten nach dem Abheben explodierte die *Agena*. Dadurch war die *GT-6*-Mission zunächst hinfällig geworden. Die NASA entschloß sich, den Flug *GT-7* vozuziehen. Das Langzeitunternehmen begann am 4. Dezember 1965 mit Borman und Lovell, die 13 Tage, 18 Stunden und 35 Minuten in ihrem Raumschiff verbrachten. Eine Zeit, die etwa der geplanten Länge einer *Apollo*-Mondmission entsprach.

Auf Tuchfühlung

Um das im Oktober ausgefallene Unternehmen nachzuholen, sollte *GT-6* nun am 12. Dezember 1965 starten. Der Countdown lief. Auf den Monitoren im Raumschiff erschien das Signal „Start", die Missionsuhr begann zu laufen – aber nichts rührte sich. Kommandant Schirra hätte jetzt in der Annahme einer sich aufbauenden schweren Fehlfunktion die Schleudersitze betätigen können. Er behielt aber die Nerven und rettete so das Raumschiff. Die Mission lief nun drei Tage später erneut – und diesmal mit Erfolg – an. Als Ziel sollten Schirra und Stafford *GT-7* anfliegen. Während des eintägigen Fluges gelang eine Annäherung beider Raumschiffe bis auf 30 Zentimeter. Fünf Stunden lang umkreisten *GT-6* und *GT-7* auf „Tuchfühlung" mit Distanzen zwischen 30 cm und 90 m die Erde.

Rendezvousmanöver

Mit *GT-8* sollte nun eine Kopplung verwirklicht werden. Der Start des Zielsatelliten, wieder eine *Agena*-Oberstufe, war am 16. März 1966 geglückt. Am gleichen Tag startete *GT-8* mit Armstrong und Scott an Bord. Rendezvous und Docking gelangen problemlos. Dann aber geschah das Unerwartete: Ein interner Schalter zur Aktivierung eines Lageregelungstriebwerks war in der „ein"-Position blockiert und führte zu einem nicht mehr zu stoppenden Zünden des Aggregats. Das Tandem *Gemini-Agena* begann wie wild zu rotieren.

Armstrong sah das Problem in der Oberstufe und koppelte die *Agena* sofort ab. Es lag aber an der *Gemini*. Mit einiger Mühe gelang es dem Kommandanten, das Raumschiff zu stabilisieren und eine Notlandung einzuleiten. Nach 6,5 Erdumkreisungen ging *GT-8* im Westpazifik nieder. Armstrong, von Hause aus ziviler Testpilot und erfahren in der Beherrschung solch exotischer Flugkörper wie der *X-15*, hatte eiserne Nerven gezeigt. Sein Können sollte dann auch die erste Mondlandung zum Erfolg führen.

Die Panne mit *GT-8* führte aber nicht zu einer Pause im Programm. Schon am 17. Mai 1966 sollte *GT-9* mit Stafford und Cernan zu einem erneuten Dockingflug starten. Das Standardziel, die *Agena*, gelangte durch ein Versagen des *Atlas*-Trägers nicht in den Orbit. Daher entschloß sich die NASA, ein neues Kopplungstarget einzusetzen, ADTA genannt, das am 1. Juni 1966 mit der *Atlas* gestartet

Das „Krokodil" im
Orbit, *Gemini 9,*
konnte nicht koppeln,
da sich die Verkleidung
am Zielsatelliten *ADTA*
nicht gelöst hatte

wurde. Zwei Tage später folgte das *GT-9*-Raumschiff. Ein Docking war unmöglich, da sich die Verkleidung den neuen Ziels zwar geöffnet, aber nicht gelöst hatte. Statt dessen flog die Besatzung drei Rendezvousmanöver. Cernan unternahm für zwei Stunden einen Weltraumausstieg. Nach 44 Umläufen kehrte *GT-9* zur Erde zurück.

Die Kopplung gelingt

Eine qualitative Steigerung im Programm wurde mit *GT-10*, gestartet am 18. Juli 1966, realisiert. Young und Collins koppelten mit dem *Agena*-Zielsatelliten. Dessen Triebwerk wurde gezündet und beförderte den Komplex auf eine Bahnhöhe von 760 km. Nach dem gesteuerten Abstieg auf 385 km leitete Young ein Rendezvous-Manöver mit der *Agena* des *GT-8*-Unternehmens ein. Collins praktizierte ein sogenanntes „stand-up EVA", das Stehen in der geöffneten Luke. Während eines „richtigen" Ausstiegs demontierte er einen Mikrometeoriten-Detektor von der *Agena*. Die so erfolgreiche Mission ging nach 43 Erdumrundungen zu Ende.

GT-11, mit Conrad und Gordon an Bord, hob am 12. September 1966 ab. Gleich im ersten Umlauf gelangen Rendezvous und Kopplung mit der *Agena*. Mit Hilfe ihres Triebwerks gelangte der Verbund auf die Rekordhöhe von 1372 km, bis heute für bemannte Missionen im Erdorbit unerreicht. Neben einem längeren „stand-up" verließ Gordon das Raumschiff, um ein Seil an der *Agena* anzubringen. Später, als die beiden Raumflugkörper mechanisch getrennt, aber durch das Seil verbunden waren, versetzte Conrad das System in Rotationsbewegung

Zehn Flüge in nur 20 Monaten: Das war auch ein hartes Training für die Logistik, für das Netz der Bodenstationen, für die Bergungseinheiten und schließlich auch für das *Manned Spacecraft Center*, das sich an der Peripherie von Houston etabliert hatte und zu einem echten Nervenzentrum für die bemannte Raumfahrt geworden war.

um den gemeinsamen Massenschwerpunkt und erzeugte so „künstliche" Schwerkraft von allerdings nur bescheidenen 0,015 Prozent des irdischen Wertes.

Der letzte Flug des Programms, *GT-12*, startete am 11. November 1966. Lovell und Aldrin wiederholten im wesentlichen das Rendezvous- und Dockingmanöver, diesmal jedoch mit optischen Hilfsmitteln. Ein weiterer Schwerpunkt der knapp viertägigen Mission waren jedoch die Außenbordaktivitäten von Aldrin, die insgesamt 5 $\frac{1}{2}$ Stunden umfaßten, darunter zwei „stand-ups" und 129 Minuten außerhalb des *Gemini-Agena*-Komplexes mit einem umfangreichen Arbeitsprogramm. Nach 59 Umläufen wasserte *GT-12*. Ein großes Projekt war erfolgreich zu Ende gegangen.

Apollo – ein Zwischenbericht

In Huntsville waren die Raketen-Verantwortlichen inzwischen weit vorangekommen. Mit dem Start des Satelliten *Pegasus 3* am 30. Juli 1965 konnte die *Saturn I* auf den zehnten erfolgreichen Flug in Serie zurückblicken. Die nächste Version, *Saturn IB*, war bereits ohne jede Panne dreimal mit konkreten Aufgabenstellungen für *Apollo* geflogen.

Integrationsfigur zwischen den Zentren – George Mueller

Interne Schwierigkeiten, die im Herbst 1963 ihren Höhepunkt erreicht hatten, gehörten der Vergangenheit an. George Mueller hatte als Nachfolger von Brainerd Holmes das Direktorat für bemannte Raumflüge übernommen. Er erwies sich als die dringend benötigte Integrationsfigur zwischen den einzelnen Zentren, so daß deren Leiter Debus, von Braun und Gilruth vorschlugen, Mueller speziell nur mit der Leitung des *Apollo-Saturn*-Programms zu betrauen. Webb stimmte zu und traf damit eine Entscheidung, die sich äußerst positiv auswirken sollte. George Mueller holte sich den tatkräftigen *Air-Force*-General Samuel C. Phillips in das Leitungsteam, ebenso einen anderen *Air-Force*-Mann, Edwin O'Connor, der die Schnittstelle zwischen von Brauns Marshall Center und der Industrie leitete. Die beteiligten Unternehmen waren ohnehin nicht begeistert, daß man ihnen so genau auf die Finger sah. O'Connor aber nahm seinen Job sehr ernst, und bald lief das Projekt auf Hochtouren.

Qualitätsprobleme

Doch nicht nur Erfreuliches mußte die NASA registrieren: James Webb hatte für das Haushaltsjahr 1967 Mittel in Höhe von 5,58 Milliarden Dollar beantragt. Der Kongreß bewilligte jedoch nur 5,02 Milliarden, mit Zustimmung des Präsidenten. Bei der Hardware für *Apollo* stieß man auf Qualitätsprobleme, und die Entwicklung des Mondlanders war hinter dem Zeitplan zurückgeblieben. Am 25. Oktober 1966 gab es bei *North American Rockwell*, dort entstanden die Raumschiffe, während eines Drucktests mit einem der Tanks im *Apollo*-Servicemodul eine Explosion. Handelte es sich hier um einen Systemfehler, mit dem auch das Exemplar behaftet sein konnte, das zum Cape unterwegs war und dort in der Mission *SA-204* mit der *Saturn IB* zum ersten bemannten Orbitaltest eingesetzt werden sollte?

Das *Apollo-1*-Unglück

Am 27. Januar 1967, einem klaren Wintertag, begann am Cape, im *Kennedy Space Center* (KSC), das Training für die erste *Apollo*-Mission, mit deren Vorbereitung 1100 Personen beschäftigt waren. Am Startkomplex 34 hatten „Gus" Grissom, Ed White und der Neuling Roger Chaffee in ihren Konturensitzen in der Kapsel Platz genommen. Nacheinander wurden die innere und die äußere Luke verschlossen. Es handelte sich um einen Routine-Countdown, einen sogenannten „plugs out"-Test, bei dem – wie bei einem Start – alle elektrischen Verbindungen nach außen gekappt waren.

Nach einiger Zeit monierte Grissom, daß die Luft in der Kabine nach „saurer Milch" rieche. Schon zuvor hatte das Kontrollsystem für die Umweltbedingungen in der Kapsel nicht einwandfrei funktioniert und war mehrfach repariert worden. Danach wurde die normale Luft durch reinen Sauerstoff unter Atmosphärendruck ausgetauscht. Fünf Stunden befand sich das Team bereits in der Kapsel, für die Bedienungsmannschaften war ein Schichtwechsel angesagt. Ein Kommunikationsproblem unterbrach für zehn Minuten den simulierten Countdown.

Im Kontrollraum saß der Astronaut Stuart Roosa als „Capcom", als Verbindungsmann am Mikrofon. Um 18.30 Uhr Ortszeit kam Slayton dazu, um sich den weiteren Fortgang des Trainings anzusehen. Eine Minute später war aus dem Lautsprecher die aufgeregte Stimme Grissoms zu hören: „Hier ist ein Feuer!"

Auf der Startplattform schrie Rampen-Chef Don Babbit seine Männer an: „Holt sie raus – sofort!" Als er ein Sprechfunkgerät erreicht hatte, um den Kontrollraum zu alarmieren, brachen fast explosionsartig Flammen aus der Kapsel hervor. Die Druckwelle fegte Babbit zu Boden. Das Team in der Missionskontrolle verfolgte wie gelähmt das Geschehen, wissend, daß die Luke keinen Absprengmechanismus besaß. Sie hörten Chaffee schreien: „Ein schlimmes Feuer – Holt uns raus – Macht auf!"

Die Rampenmannschaft war dabei, das Feuer zu ersticken, das zunächst noch durch die weitere Sauerstoffzufuhr angefacht wurde. Fünf Minuten und 20 Sekunden nach Grissoms Ruf hatten sie die Luken geöffnet: White und Grissom lagen übereinander. Sie hatten verzweifelt versucht, den Ausstieg zu öffnen. Chaffee befand sich noch in seinem Sitz. Acht Minuten später waren zwei Ärzte zur Stelle, die nur noch den Tod der drei Männer durch Ersticken an giftigen Gasen feststellen konnten.

Die Untersuchung

Offensichtlich hatte es unter dem Sitz Grissoms durch den Kontakt von zwei stromführenden Kabeln, deren Isolierung durchgescheuert war, einen Kurzschluß gegeben. Der Funke entzündete in der Sauerstoff-Atmosphäre Kunststoffmaterial, das dann explosionsartig in Flammen aufging. Zwar waren grundsätzlich schwer entflammbare Kunststoffe verwendet worden. In reinem Sauerstoff jedoch brannten sie wie Zunder ab und setzten dabei giftige Gase frei.

Webb informierte sofort den Präsidenten. Johnson, tief betroffen, forderte den NASA-Chef auf, sofort die Katastrophe untersuchen zu lassen und Maßnahmen für die notwendigen Änderungen zu treffen. Webb stimmte zu und ersuchte Johnson, den Kongreß so lange zur Zurückhaltung zu bewegen, bis die eigene Kommission die Unglücksursache klar definiert hatte. Und, so Webb, wenn in letzter Konsequenz einer gehen müsse, würde er es sein.

Floyd Thompson, Direktor des Langley-Centers, wurde mit der

Untersuchung betraut. Sein Bericht lag Ende April vor. Die schon früher durchgesickerten Ergebnisse waren teilweise deprimierend. Man war unter anderem auf Fehler gestoßen, die keinem kompetenten Haushaltselektriker unterlaufen wären. Der eigentliche Hintergrund, ein ständiger Kampf um Termine, Standards, Sicherheit und Kosten zwischen der NASA und dem Hauptkontraktor *North American Rockwell,* blieb jedoch weitgehend im dunkeln.

George Low, Gilruths Stellvertreter in Houston, übernahm die Aufgabe, die Kapsel im Licht der neuen Erkenntnisse zu modifizieren. 1697 Änderungen wurden angedacht, 1341 davon wurden letztlich in die Tat umgesetzt. In den folgenden 18 Monaten arbeiteten nicht weniger als 150 000 Menschen 24 Stunden am Tag, um das Gerät auf

Die Besatzung von *Apollo 1:* Grissom (oben), White (links) und Chaffee beim Landetraining mit einer *Apollo*-Kapsel im Golf von Mexiko

den höchsten Sicherheitsstandard zu bringen. Zusätzlich wurde *Boeing* eingeschaltet, um die vielen beteiligten Firmen zu koordinieren und zu überwachen.

Vorwürfe

Das politische Washington hielt sich nach der Katastrophe tatsächlich weitgehend zurück. Dann aber trat Senator Walter Mondale auf den Plan. Der Demokrat aus Minnesota, der sich bald als entschiedener Gegner aller großen Raumfahrtprogramme profilieren sollte, benutzte interne NASA-Papiere, um Webb Vertuschung von bekannten Defiziten in der Qualitätskontrolle der *Apollo*-Kapsel und damit eine indirekte Mitschuld am Desaster vorzuwerfen. Eine Schlammschlacht entbrannte, aus der Mondale, wie er Webb im kleinen Kreis an den Kopf warf, politisches Kapital für die eigene Karriere ziehen wollte.

Die allgemeine Stimmung war jedoch nicht gegen die NASA zu mobilisieren. Als am 24. April 1967 die tödliche Landung des Kosmonauten Wladimir Komarow beim ersten bemannten Flug des neuen Raumschiffs *Sojus* bekannt wurde, machte sich die öffentliche Meinung die Ansicht zu eigen, daß dieser neue technische Aufbruch auch Opfer fordere. In der Luftfahrt sei das beinahe normal.

Apollo – ein neuer Anfang

Am 9. November 1967, exakt 7.00 Uhr Ortszeit, dröhnte ein Geräusch über das Cape, wie es vorher noch nie zu hören war: Die *Saturn V* war vom Komplex 39 zu ihrem Jungfernflug gestartet. Das Von-Braun-Team hatte es geschafft, eine Rakete zu entwickeln, die den Schub ihres „Erstlings", der *Redstone,* um das Hundertfache übertraf. *Apollo 4,* so die offizielle Bezeichnung, brachte ein Raumschiff mit neuer Luke und Hitzeschild in den Erdorbit. Nach zwei Umläufen zündete die dritte Stufe erneut und beförderte die Kapsel auf eine hochelliptische Bahn. Hier wurde dann die Rückkehr vom Erdtrabanten einschließlich aerodynamischer Bremsung in der Atmosphäre simuliert. 8 ½ Stunden nach dem Start konnte die Kapsel intakt bei Hawaii geborgen werden.

Webb droht zu gehen

1968 versprach ein erfolgreiches Jahr zu werden. 400 000 Menschen hatten direkt oder indirekt für den Mondflug gearbeitet. Die Insider bei der Weltraumbehörde dachten aber bereits weiter. Was könnte das nächste Ziel sein? Wenn das *Apollo*-Programm nach Plan weiterliefe, mußte man gegen Jahresende bereits mit dem Abbau von Personal beginnen. Präsident Johnson machte Webb darauf aufmerksam, daß er zwar die NASA weiter unterstützen werde, aber andere Themen, wie zum Beispiel Vietnam und die innenpolitische Lage, im Mittelpunkt seines letzten Amtsjahres ständen. An eine erneute Kandidatur dächte er nicht. Webb ließ ihn wissen, daß dann auch er seinen Platz räumen würde.

Der Präsident, richtig einschätzend, daß ab 1969 an der Spitze der NASA ein Chef stehen sollte, der sie sicher durch den Höhepunkt des *Apollo*-Programms führen würde, berief im Januar 1968 Thomas O. Paine, einen Ingenieur mit beachtlicher Industriekarriere, auf den Posten des stellvertretenden NASA-Administrators. Raffiniert ausgedacht, denn nach dem Rücktritt Webbs würde Paine zunächst automatisch die Geschäfte weiterführen. Ein neuer Präsident wäre aber schlecht beraten, in dieser kritischen Phase des Programms einen eigenen Mann an die Spitze zu berufen. Diese Rechnung ging auf.

Fehlermeldungen überstürzten sich

Im Rahmen der Mission *Apollo 5*, gestartet am 22. Januar 1968 mit der *Saturn IB*, wurde erstmals unbemannt im Erdorbit die Mondfähre (LEM) mit ihrem Lande- sowie ihrem Aufstiegstriebwerk erfolgreich getestet. Hochstimmung war nicht nur im *Marshall Space Flight Center* bei der Von-Braun-Truppe ausgebrochen, sondern auch in Washington, aber hier nur bei der NASA. Am 4. April 1968 wurde die zweite *Saturn V* zu einem unbemannten Testflug, *Apollo 6*, gestartet. Bereits zwei Minuten nach dem Abheben gab es Alarm im Kontrollraum: Die ganze Rakete war ins Schütteln geraten. Der sogenannte „Pogo-Effekt", Längsschwingungen des Raketenkörpers, angeregt durch Schwingungen in den Triebwerken der 1. Stufe, hatten bedrohliche Ausmaße angenommen. Dieses Phänomen wurde schon beim ersten Flug der *Saturn V* beobachtet. Doch nun überstürzten sich die Fehlermeldungen. Zwei der fünf

Triebwerke der 2. Stufe schalteten zu früh ab. Mehr noch: Der Raketenmotor der 3. Stufe streikte, als er ein zweites Mal zünden sollte. Zwar gelang nach drei Umläufen die Rückführung der *Apollo*-Kapsel. Hinsichtlich der Trägerrakete aber war das Ergebnis alles andere als erfreulich. Die Öffentlichkeit nahm davon kaum Kenntnis, denn an diesem Tage wurde in Memphis (Tennessee) Martin Luther King ermordet. Ein Attentat, das bekanntlich erhebliche innenpolitische Spannungen auslöste.

Wie die Sowjetunion den Wettlauf zum Mond verlor

Kosmonauten sollten zuerst landen

Es war zu erwarten, daß die NASA nach umfangreichen Untersuchungen und Abstellung der Fehlerquellen mindestens noch einen unbemannten Testflug der *Saturn V* einschieben würde, bevor das Programm weiterging. Die sorgfältige Beobachtung der sowjetischen Aktivitäten ließ erkennen, daß Moskau auf eine bemannte Mondumrundung mit bereits in der Flugerprobung befindlicher Hardware zum frühestmöglichen Zeitpunkt hinarbeitete. Parallel dazu wurde fieberhaft daran gearbeitet, Kosmonauten auf dem Erdtrabanten landen zu lassen, wofür der Einsatz einer der *Saturn V* vergleichbaren Rakete notwendig wurde.

Amerikanischen Aufklärungssatelliten bot sich zweimal Gelegenheit, diese sowjetische Großrakete, *N-1*, am Startkomplex 110 in Baikonur zu entdecken. Zwischen dem 25. November und 12. Dezember 1967 stand eine Attrappe des Giganten an der Rampe, um die Bodenmannschaften einzuarbeiten. Am 7. Mai 1968 wurde das Flugmodell *3L* auf den Startkomplex gebracht. Bei den Vorbereitungen für die erste Mission wurden jedoch Materialfehler an der ersten Stufe bemerkt, so daß die Rakete wieder in die Montagehalle zurück mußte.

Wurde die Rakete fotografiert?

Zum ersten Termin waren zwei der Aufklärer im Orbit, einer vom Typ CORONA *(KH-4B)*, der andere aus der GAMBIT-Serie *(KH-8)*. Auch Anfang Mai 1968 beobachtete ein CORONA-Satellit die Szenerie. Bis heute ist nicht ganz klar, ob es von der CIA oder dem damals streng geheimen *National*

Reconnaissance Office (NRO), verantwortlich für die Satellitenaufklärung, eine entsprechende Information an die NASA gegeben hat. Fest steht, daß eine Intitiative von „unten" kam. George Low, verantwortlich für die *Apollo*-Raumfahrzeuge, regte im Sommer 1968 einen vorgezogenen bemannten Flug zum Mond an. Es gab noch Probleme mit der Landefähre, die ohnehin erst von Astronauten im Erdorbit getestet werden mußte, und das konnte frühestens im Februar/März 1969 geschehen. Was sprach eigentlich dagegen, das Mutterschiff mit der *Apollo*-Kapsel allein um den Erdtrabanten zu schicken, vorausgesetzt, das System würde sich zuvor in der Erdumlaufbahn qualifizieren? Eine unbemannte, automatisierte Umrundung des Mondes genoß ohnehin keine Priorität mehr, warum also nicht die bemannte Misson vorziehen? Am Risiko würde das kaum etwas ändern. Auch der Leiter des Raumflugbetriebs in Houston, Christopher Kraft, unterstützte den Vorstoß Lows.

General Phillips, *Apollo*-Programmdirektor, stand der Idee aufgeschlossen gegenüber, wollte sie aber noch geheim behandelt wissen. Das Gremium in Washington sprach sich eindeutig für die bemannte Mondmission zum nächstmöglichen Start einer *Saturn V* aus, zumal von Braun versichern konnte, alle technischen Probleme eliminiert zu haben.

Wiederaufnahme der bemannten Flüge

Webb, zunächst skeptisch, übernahm die Aufgabe, den Präsidenten für diese spektakuläre Programmänderung zu gewinnen. Johnson zögerte, einigte sich aber schließlich mit Webb, daß das nächste Unternehmen, die Wiederaufnahme der bemannten Flüge, ein klarer Erfolg sein müsse. Erst dann könne die NASA Astronauten auf Mondkurs bringen. Am 19. August 1968 wurde der neue Ablauf beschlosssen und am 21. August 1968 veröffentlicht, wonach *Apollo 8* im Dezember zu einem Mondflug aufbrechen sollte. Große Resonanz in der Öffentlichkeit fand diese Meldung nicht. Nur in der UdSSR horchte man auf.

Zond

Die Sowjets waren intensiv dabei, mit der *Proton*-Trägerrakete und einem modifizierten *Sojus*-Raumschiff mit der Bezeichnung *Zond* unbemannt die Mondumrundung zu erproben. Es gab Ausfälle der *Proton,* die das Programm verzögerten. Mit *Zond 5* gelangen im September 1968 Start und Umrundung des Erdtrabanten. Bei der Rückkehr zur Erde am 21. September ging infolge eines fehlerhaften Kommandos das aerodynamische Abbremsmanöver schief, dem eine Landung in der UdSSR folgen sollte. Beim Eintauchen in die Atmosphäre wurde die Kapsel dem 16fachen der Erdschwerkraft ausgesetzt. Sie überstand diese Belastung und ging im Indischen Ozean nieder. Ein Kosmonaut wäre vermutlich zu Schaden gekommen. Ein erfolgreicher *Zond*-Flug war die Voraussetzung für ein bemanntes Unternehmen.

Apollo 7

Zunächst aber war die NASA am Zuge. Zwanzig Monate nach der Brandkatastrophe im KSC startete am 11. Oktober 1968 erstmals eine Besatzung zur Mission *Apollo 7.* Kommandant des zehntägigen Unternehmens war „Wally" Schirra. Für Don Eisele und Walter Cunningham war es die Flugpremiere. Es galt, das *CSM,* das Mutterschiff, gründlich zu testen. Erstmals erlebten die amerikanischen Fernsehzuschauer Live-Übertragungen von Bord eines Raumschiffs. Die Arbeitsbelastung der Besatzung war groß, so daß es zu gelegentlichen Auseinandersetzungen mit dem Kontrollzentrum in Houston kam. Am 22. Oktober 1968 endete ein perfektes *Apollo-7*-Unternehmen mit der üblichen Wasserlandung.

Der Weg war nun frei für die Vorbereitung des Mondfluges. Für ihn sollte bereits ein anderer NASA-Administrator die Verantwortung tragen. Am 7. Oktober 1968, an seinem 62. Geburtstag, war Jim Webb zurückgetreten. Seinem engsten Mitarbeiterkreis erschien dieser abrupte Schritt mehr als merkwürdig. Sicher: Der NASA-Administrator hatte Anfang des Jahres signalisiert, mit Johnson aus dem Amt zu scheiden. Doch sein Rücktritt erfolgte ohne jede Vorwarnung unmittelbar nach einem Gespräch mit den Präsidenten und ohne Wissen seiner Frau, die davon erst aus dem Radio hörte. Mit Webb war ein Mann abgetreten, der eine der größten Managementaufgaben der neueren Zeit erfolgreich gelöst hatte. Zukunftsvisionen jedoch waren ihm eher fremd. „Die NASA ist nicht dazu da, Programme zu ,verkaufen', sondern sie optimal auszuführen", erklärte er öfters. Die volle Konzentration auf *Apollo* war Stärke und Schwäche zugleich.

Zond 6 oder Apollo 8?

Am 10. November 1968 wurde in Baikonur *Zond 6* auf Mondkurs geschickt. Sollte dieser Test einschließlich der weichen Rückkehr erfolgreich ausfallen, dann wäre die Bahn frei für einen Kosmonautenflug. Fast genau 24 Stunden später gab Thomas Paine in Washington bekannt, daß *Apollo 8* am 21. Dezember 1968 zum Erdtrabanten starten werde. Dann kam die Überraschung: Das Raumschiff soll in eine Umlaufbahn einschwenken, den Mond zehnmal umkreisen und dann zur Erde zurückkehren.

Theoretisch hätten die Sowjets mit einem Start in der ersten Dezemberwoche den Amerikanern noch zuvorkommen können. Doch bei der Rückkehr zur Erde am 18. November 1968 ging mit *Zond 6* so ziemlich alles schief, was nur schiefgehen konnte. Übrig blieb eine zerstörte Landekapsel mit einer halbwegs intakten Filmkassette. Einige Aufnahmen daraus sollten der Welt den Erfolg auch dieses Fluges vorgaukeln. Doch mit dem *Zond-6*-Debakel war das „Aus" für das Mondumrundungsprojekt der UdSSR programmiert. Es gab allerdings noch eine winzige Hoffnung, wenn *Apollo 8* am Boden bliebe oder die Mission scheiterte.

Der Blick auf das „blaue Juwel"

Am 21. Dezember 1968, 7.51 Uhr Ortszeit, hob die *Saturn V* mit *Apollo 8* ab. Die Besatzung bestand aus Frank Borman, James Lovell und William Anders. In der Vorbereitung des Unternehmens gab es eine interessante Kontroverse: Borman war gegen das Einschwenken in den Mondorbit und sah die einfache Umrundung als die sicherste Flugvariante an. Sein Argument: Zum Rückflug in Richtung Erde müsse dann das Haupttriebwerk auf der Rückseite des Mondes, ohne Kontakt zu Houston, erneut gezündet werden. Wenn es nicht funktionierte, bliebe *Apollo 8* im Mondorbit gefangen. Gilruth, der zu vielen seiner Astronauten ein fast väterliches Verhältnis hatte, nahm sich Borman vor: „Wenn bis zum Mond alles perfekt läuft, zündest du den Motor für den Einschuß in die Umlaufbahn. Wenn nicht, umrundet ihr ihn nur und kommt zurück."

Apollo 8 ging in den Mondorbit, und alles andere ist bereits Geschichte: Die Beschreibung der grauen Mondlandschaft, der Blick auf das „blaue Juwel" Erde; eine weltweite Fernsehübertragung am

Heiligabend mit der Lesung aus der Genesis: Für viele Amerikaner war diese Mission gegen Ende eines der schlimmsten Jahre ihrer Nachkriegsgeschichte Trost und Hoffnung zugleich. Sie eröffnete den meisten Zeitgenossen erstmals auch eine Vorstellung von den Dimensionen dieses Aufbruchs und von dem, was da noch kommen sollte.

Die Erde am Himmel des Mondes, aufgenommen von der *Apollo-8*-Besatzung

Dem Höhepunkt entgegen

Wer erntete den Ruhm?

Der 9. Januar 1969 sah Lyndon Johnsons letzte Amtshandlung im Zusammenhang mit dem Weltraumprogramm, in der er die *Apollo*-8-Astronauten auszeichnete. Sein größter Wunsch, bei der Mondlandung noch an der Spitze der Nation zu stehen, ging nicht in Erfüllung. Auch die anderen *Apollo*-„Architekten", John F. Kennedy und James Webb, konnten den Ruhm nicht mehr ernten. Das sollte dem neuen Mann im Weißen Haus vorbehalten bleiben, der in seiner

Grundeinstellung kaum sonderlich am Weltraum interessiert war: dem Republikaner Richard Nixon. Von einer echten Begeisterung für das *Apollo*-Projekt konnte keine Rede sein. Das galt auch für alle anderen Programme, die auf Kennedy zurückgingen.

Nixon wußte durchaus um die Bedeutung der Raumfahrt im politischen Kontext. Als Realpolitiker sah er aber, daß um 1969 die Stimmung im Lande andere Prioritäten forderte als neue, milliardenträchtige Großprojekte jenseits der Atmosphäre. Doch zunächst hieß es, den Aufwind von *Apollo* zu nutzen. Nixon versprach, daß seine Administration schnellstens ein „koordiniertes Weltraumprogramm für die Zukunft" vorlegen werde. Am 13. Februar 1969 setzte er eine *Space Task Group* ein, eine hochkarätige Expertengruppe unter Vorsitz seines Stellvertreters Spiro T. Agnew. Das Gremium diskutierte optimistisch kühnste Pläne bis hin zu einer Landung auf dem Mars. Allerdings mußte NASA-Chef Paine sehr schnell bemerken, wie es von nun an um den Rang seiner Behörde bestellt war. Der Präsident war nicht mehr sein direkter Gesprächspartner, sondern meist nur noch mittlere Chargen im Weißen Haus.

Apollo 9

Am 3. März 1969 gab es die langerwartete Erdorbitalmission *Apollo 9*, mit der alle für die Mondlandung notwendigen Elemente hinsichtlich der Landefähre (LEM) getestet wurden. Im Rahmen des zehn Tage dauernden Fluges der Besatzung McDivitt, Scott und Schweickart standen das bemannte Ab- und Ankoppeln des LEM, der Ausstieg von Astronauten und andere kritische Situationen des Mondfluges im Mittelpunkt. Daneben wurde ein fotografisches Erderkundungsprogramm absolviert, dessen Bedeutung zunächst etwas unterschätzt wurde. Am 13. März 1969 ging *Apollo 9* im Atlantik, nordöstlich von Puerto Rico, nieder.

Apollo 10

Der Flug von *Apollo 10* war zumindest für die Besatzung frustrierend, die am 18. Mai zu einer achttägigen Mondmission aufbrach, sich dabei aber der Oberfläche nur nähern durfte. Tom Stafford und Eugene Cernan trennten im Orbit die Mondfähre ab und simulierten die Landung, wobei sie bis auf 14,5 km herabstießen. Aus einer ellipti-

schen Bahn heraus erfolgten dann der Abwurf der Landestufe und das
Zünden des Aufstiegstriebwerks. Anschließend wurde wieder mit dem
Mutterschiff, geführt von John Young, gekoppelt. Nicht unerwähnt
bleiben sollten 62 Stunden Arbeit im Mondorbit und 19 TV-Direktü-
bertragungen. Nach der Wasserung am 26. Mai 1969 südwestlich von
Hawaii war der Weg frei für die Mondlandung. Es gab Manöverkritik,
denn in der Fähre war nicht alles nach Plan gelaufen, und einiges
schien auf das Konto von Cernan zu gehen. Mit *Apollo 11* aber sollte
der Mann mit den eisernen Nerven, Neil Armstrong, das LEM zur
sicheren Landung führen.

„Der Adler ist gelandet"

UdSSR aus dem Rennen?

Am 21. Februar 1969 hatte es den
ersten Startversuch der großen
N-1 gegeben, der aber durch ein Feuer in der ersten Stufe bereits nach
70 Sekunden gescheitert war. Als es feststand, daß die Amerikaner
frühestens in der letzten Juliwoche zu einer bemannten Landung
aufbrechen würden, versuchten die Sowjets dieses Ereignis mit einem
abenteuerlichen Plan wenigstens zu neutralisieren. Zunächst sollte die
N-1 unbemannt, mit einem *Zond*-Raumschiff und dem Funktions-
modell einer Mondfähre an Bord, starten. Parallel dazu wurde der
Flug eines neuartigen Mondlanders mit der *Proton*-Rakete vorbereitet,
der mit einem Robotsystem eine Gesteinsprobe entnehmen und zur
Erde zurückführen sollte. Hektisch wurde in Baikonur rund um die
Uhr gearbeitet. Am Abend des 3. Juli 1969 war es dann soweit: Start
frei für die *N-1*. Doch schon nach zehn Sekunden Aufstieg, bei dem
bereits brennende Teile von der ersten Stufe fielen, schalteten in nur
200 m Höhe alle Triebwerke ab. Die vollbetankte Rakete fiel auf die
Rampe zurück und explodierte. Aufnahmen eines amerikanischen
Aufklärungssatelliten dokumentierten eindrucksvoll die massiven
Zerstörungen des Startkomplexes. Zerstört waren damit auch alle
Hoffnungen Moskaus, in den nächsten Jahren bemannt auf dem Mond
agieren zu können.

Nun konnte nur noch die automatische Rückführung von Mond-
gestein, bevor es US-Astronauten in die Hand nahmen, der sowjeti-

Die *Apollo-11*-Besatzung: Armstrong, Collins und Aldrin

schen Raumfahrt ein Glanzlicht aufsetzen. Die letzte Chance hieß *Luna 15,* gestartet am 13. Juli 1969, drei Tage vor dem Aufbruch von *Apollo 11.* Die extrem restriktive Nachrichtenpolitik der UdSSR heizte Spekulationen an: Sollte die Sonde aus dem Orbit das *Apollo-*Geschehen beobachten oder gar stören? Experten schätzten allerdings die Aufgabenstellung von *Luna 15* richtig ein.

Das epochale Ereignis – *Apollo 11*

Am 16. Juli 1969 brach *Apollo 11* mit Armstrong, Aldrin und Collins zu ihrer historischen Mission auf. Einen Tag später schwenkte *Luna 15* in einen niedrigen Mond-

Der erste Fußabdruck eines Menschen im Mondboden

orbit ein, die dann am 18. Juli mit einem Korrekturmanöver noch weiter abgesenkt wurde. Westliche Beobachter erwarteten eine unmittelbar bevorstehende weiche Landung.

Am 19. Juli ging *Apollo 11* planmäßig in die Umlaufbahn. Moskaus Sonde näherte sich nun nach einem weiteren Manöver bei jedem Umlauf der Mondoberfläche bis auf 85 km. Am darauffolgenden Tag spitzte sich das Geschehen zu. Armstrong und Aldrin stiegen in die Mondfähre *Eagle* – „Adler" – um. Im Umlauf 29 wurde das Triebwerk von *Luna 15* auf der Rückseite des Erdtrabanten gezündet und die Bahn erneut abgesenkt. Ihr tiefster Punkt lag jetzt bei nur 16 km Höhe, etwa über jener Region im Mare Tranquillitatis, in der der „Adler" um 21.17:42 Uhr MEZ landete. Am Morgen des 21. Juli 1969, um 3.56 Uhr, setzte Neil Armstrong seinen Fuß auf die Oberfläche des Erdtrabanten: „That's one small step for a man; one giant leap for mankind." Etwas salopp übersetzt: „Ein kleiner Schritt für einen Menschen, ein riesiger Sprung für die Menschheit."

Präsident Nixon begrüßt die *Apollo-11*-Besatzung in der Isolierstation der *USS Hornet*

Harter Aufschlag für *Luna 15*

Etwa 600 Millionen Zuschauer rund um dem Erdball verfolgten für 2 ½ Stunden Armstrongs und Aldrins Aktivitäten auf dem uns nächsten Himmelskörper. Noch war die Qualität der TV-Übertragung bescheiden, doch in der UdSSR hätte man etwas darum gegeben, Zeuge dieses epochalen Ereignisses sein zu dürfen. *Luna 15* war in den Hintergrund geraten. Die Sonde hatte noch etwas an Bahnhöhe verloren, so daß sie möglicherweise einige Umläufe später mit den Gipfeln von Mondgebirgen kollidiert wäre. Im englischen Radio-Observatorium von Jodrell Bank beobachtete man, wie am 21. Juli, um 16.46 Uhr MEZ, im 52. Umlauf das Triebwerk von *Luna 15* gezündet wurde. Vier Minuten später verstummten die Signale. Die Sonde war mit 480 km/h hart aufgeschlagen.

Großer Vorsprung für die USA

Armstrong und Aldrin bereiteten sich um diese Zeit für den Rückstart aus dem Mare Tranquillitatis und die Kopplung mit dem Mutterschiff *Columbia* vor, in dem Michael Collins einsam seine Bahn um den Mond zog. Die NASA hatte innerhalb von acht Jahren das von Präsident Kennedy anvisierte Ziel unter Mobilisierung der ganzen Nation erreicht und der Welt den großen technologischen Vorsprung der USA gerade in der Raumfahrt demonstriert, der für den objektiven Betrachter aber schon länger zu erkennen war. Wie aber auch kleinkariertes Denken hier eine Rolle spielte, wird an der Haltung Nixons deutlich, der sich gerne mit Heroen umgab, aber durchsetzte, daß die Wasserbergung der *Apollo-11*-Kapsel nicht durch die *USS John F. Kennedy*, sondern durch die *USS Hornet* zu erfolgen habe, wo er die Astronauten empfangen werde.

An dieser Stelle ist *Apollo 11*, zweifellos ein Meilenstein der Menschheitsgeschichte, nur gestreift worden. Das Ereignis wurde bereits um 1970 vielfältig beschrieben, so zum Beispiel von den drei Astronauten selbst in „Wir waren die Ersten" und ganz brillant von Norman Mailer in „Auf dem Mond ein Feuer". Auch auf die folgenden Exkursionen zum Erdtrabanten soll nur ein kurzer Blick geworfen werden. Doch nach *Apollo 11* machte zunächst ein anderes Raumfahrtunternehmen der NASA von sich reden, das weitreichende Konsequenzen haben sollte.

Der Mars wird besichtigt

Spekulation und Realität | Drei Wochen nach dem Scheitern
von *Mariner 3* hatte die NASA
am 28. November 1964 *Mariner 4* erfolgreich in Richtung Mars gestartet. Die vom JPL entwickelte Sonde passierte den roten Planeten
am 15. Juli 1965 in einem Abstand von 9789 km und gewann während
des Vorbeifluges 22 Aufnahmen von etwa einem Prozent seiner Oberfläche. Die Bilder von mittelprächtiger Qualität zeigten etwas völlig
Unerwartetes: Eine Kraterlandschaft, die an den Mond erinnerte. So
hatte sich niemand den Erdennachbarn vorgestellt. Bis zum 20. Dezember 1967 konnte übrigens der Funkkontakt zu *Mariner 4* aufrecht-
erhalten werden, der in eine Umlaufbahn um die Sonne einschwenkte.

Erst 1969 bot sich wieder eine günstige Gelegenheit für eine
Marsmission. In Pasadena waren aufwendig instrumentierte Sonden
entstanden, mit 412 kg Masse mehr als doppelt so schwer wie *Mari-
ner 4*, so daß als Träger die *Atlas-Centaur* eingesetzt werden mußte.
Mariner 6 startete am 25. Februar 1969, *Mariner 7* am 27. März 1969.
Beide Sonden wurden durch Kurskorrekturen auf die gewünschte
Vorbeiflugdistanz gebracht. *Mariner 6* zog am 31. Juli 1969 mit einer
Distanz von 3430 km am Mars vorbei, *Mariner 7* am 5. August 1969

**Die *Viking*-Landungen
auf dem Mars zeigten
ein vielfältigeres Bild
des Erdennachbarn als
zunächst angenommen**

mit 3518 km. Beide Sonden lieferten zusammen 200 sehr viel bessere Bilder sowie Informationen über die dünne Atmosphäre. Wieder waren großflächige Kraterregionen zu sehen, aber auch Landschaftsformationen, die weder auf der Erde noch auf dem Mond zu finden waren. Sie unterstützten aber nicht das Faszinosum, das Spekulation und Science-fiction um den Nachbarplaneten hatten entstehen lassen. Diese Aufnahmen haben, so aufregend sie wissenschaftlich waren, psychologisch dazu beigetragen, daß dem *Apollo*-Programm kein Aufbruch zum Mars folgte.

In der Diskussion

Wenn vorstehend anklang, daß sich die NASA-Spitze während des Mondflugprojekts zuwenig um ein großes Nachfolge-Vorhaben kümmerte, das das Interesse an der Raumfahrt nicht nur am Leben hielt, sondern womöglich noch steigerte, so muß das etwas relativiert werden. Das berühmte Mars-Projekt Wernher von Brauns, erstmals publiziert 1953, war auch bei der NASA nicht vergessen. Wenn es auch noch fern jeder technischen Realität lag, ließ die Weltraumbehörde zwischen 1960 und 1968 in etwa 60 Studien eine Marsmission ausführlicher untersuchen. Zwei dieser Arbeiten, vom November 1967 und Januar 1968, diskutierten bereits sehr konkret eine bemannte Mission zum Erdennachbarn.

Auch in der von Nixon eingesetzten *Space Task Group* spielte ein mögliches Mars-Projekt, für das sich vor allem Spiro Agnew einsetzte, eine große Rolle. War es nur politisches Kalkül dieses Vizepräsidenten, dem seine Gesprächspartner bei der NASA begrenzte Aufnahme- und Verständnisfähigkeit nachsagten, der auf eine Karte setzte, die für die Zukunft Ruhm versprach? Vielleicht war es aber auch etwas von der *Apollo*-Begeisterung, die Agnew veranlaßte, sich zum energischen Fürsprecher eines Marsfluges zu machen.

Finanzielle Dimensionen indiskutabel

In der ersten internen Fassung des Berichts der *Space Task Group* hieß es dann auch: „Wir empfehlen, daß die Vereinigten Staaten zum frühen Zeitpunkt mit den Vorbereitungen für einen bemannten Marsflug beginnen." In der endgültigen Fassung las man es etwas anders: „Bemannte Missionen zum

Mars könnten schon 1981 beginnen." Allerdings lag hier die Überlegung zugrunde, Nuklearantriebe einzusetzen, an denen im Rahmen des Projekts *Nerva* geforscht wurde. Wollte man bereits 1984 auf dem Mars landen, so hätte das jährliche Aufwendungen von maximal neun Milliarden Dollar erfordert. Selbst ein Starttermin Anfang der neunziger Jahre, basierend auf der *Nerva*-Technologie, wäre mit fünf Milliarden Dollar pro Jahr noch astronomisch teuer geworden. Dennoch setzte sich Agnew auch in der Öffentlichkeit für ein solches Vorhaben ein. Nixon zitierte seinen Stellvertreter zu sich, machte ihm unter vier Augen klar, daß solche finanziellen Dimensionen in dieser Zeit absolut indiskutabel seien, und forderte ihn auf, jede weitere „Propaganda" für das Mars-Projekt zu unterlassen. Schon wenig später veranlaßte Agnew, daß die bemannte Marslandung aus der Kategorie „Empfehlungen" in die Rubrik „technisch machbar" heruntergestuft wurde.

Zukünftige Schwerpunkte

Im September 1969 leitete die Gruppe den Präsidenten ihren Bericht zu. „Das Post-*Apollo*-Weltraumprogramm: Richtlinien für die Zukunft", so die Überschrift, nannte unter anderem als zukünftige Schwerpunkte den Shuttle, Module für den Aufbau einer Raumstation, einen Lastenschlepper und Marserkundungs-Module, Bausteine für eine flexibel planbare, bemannte Mission. Sowohl die NASA als auch die Industrie setzten sich mit Vehemenz für diese Palette mit neuen Zielen ein. Die Stimmung in der Öffentlichkeit und bei den Politikern war eher kühl bis negativ. Vietnam beherrschte die Nation. Dann waren ja da noch die kommenden *Apollo*-Flüge, die suggerierten, daß die Raumfahrt voll im Geschäft sei. Die Entscheidung lag nun bei Nixon, der sich daran machte, das Haushaltswesen der Regierung neu zu organisieren.

Apollo – Erfolg und Rückschlag

Apollo 12

Vom 14. bis 24. November 1969 wurde der Flug von *Apollo 12* mit fast der gleichen Spannung verfolgt wie die historische Vorgängermission. Der Flug der Besatzung Conrad, Bean und Gordon sah eine Landung in einer geologisch jungen Region des Mondes, im Oceanus Procellarum, vor. In diesem Gebiet waren auch schon *Luna 9* und *13* sowie *Surveyor 1* und *3* niedergegangen. Leichte Unruhe gab es am Cape und in Houston, als die Rakete beim Start zweimal vom Blitz getroffen wurde. Eine bedeutende Leistung ist mit dieser Mission verbunden, die fast in Vergessenheit geraten ist. Conrad und Bean sollten so punktgenau landen, daß sie mit einem kurzen Marsch den $2\frac{1}{2}$ Jahre früher niedergegangenen *Surveyor 3* erreichen und Teile der Sonde demontieren konnten. Das gelang. 11,5 kg Material vom *Surveyor* kamen so zur Erde zurück. Im Isolationsmaterial eines Kabels fand man Mikroorganismen, die nicht vom Mond stammten, sondern im April 1967 mit auf die Reise gegangen waren und auf dem Erdtrabanten überlebt hatten. Neben dem Einsammeln von Gesteinsproben stellten Conrad und Bean eine komplexe Meßstation, das *Apollo Lunar Surface Experiments Package* (ALSEP) auf. Eine Nuklearbatterie sorgte für die notwendige Energie des Geräts, das unter anderem ein Seismometer enthielt. Mit dem gezielten Absturz des Aufstiegsteils der Landefähre wurde erstmals künstlich ein Mondbeben ausgelöst.

Nach der Landung von *Apollo 12* mußte sich auch diese Besatzung zunächst in Quarantäne begeben. Erst nach dem Flug von *Apollo 14* wurde diese Vorsichtsmaßnahme aufgehoben.

Die „Patriarchen" an der Chefkonsole

Hinter den Kulissen ging die Diskussion um die Zeit nach *Apollo* und die Zukunft der NASA weiter. Paine beschloß, seine Center-Chefs mehr in die Pflicht zu nehmen: „Ihr lebt wie Patriarchen in euren Königreichen, während ich im Kreuzfeuer der Missionsplaner, der Budgetleute, der Öffentlichkeit, der Firmen und der Präsidentenberater stehe. Warum kommt ihr nicht her und helft mir bei meiner Arbeit?"

Paine und George Mueller, sein für die bemannte Raumfahrt verantwortlicher Mann im Direktorat der Weltraumbehörde, setzten vor allem auf die Reputation und Überzeugungskraft Wernher von Brauns. Ende 1969 baten sie ihn, nach Washington in die Zentrale überzuwechseln und mitzuhelfen, die Zukunft zu planen. Hier an der politischen Front schien er der richtige Mann zu sein. Doch das war, wie sich bald herausstellen sollte, eine Illusion. Die Nixon-Administration ignorierte ihn.

Als das *Apollo*-Programm anlief, begann Mueller nach neuen Wegen Ausschau zu halten und leitete erste Studien zum wiederverwendbaren Raumtransporter, zum Spaceshuttle ein, die 1969 konkrete Formen annahmen. Mueller, einer der fähigsten Köpfe der Weltraumbehörde, erkannte zeitig, daß in den kommenden Jahren die Raumfahrt nun in den Händen der Etatplaner im Weißen Haus liegen würde, und verließ im Dezember 1969 die NASA. Paine holte sich aus Houston nun George Low, der am 3. Dezember 1969 zu seinem Stellvertreter ernannt wurde.

Damit hatte sich einiges an der Spitze des Mondflug-Programms geändert. Bis zur Mission *Apollo 12* lag die letzte Verantwortung vor jedem Start bei Gilruth und von Braun. Drei Minuten vor dem geplanten Abheben mußten die beiden „Patriarchen" grünes Licht geben. Bei *Apollo 13* saß bereits Eberhard Rees an der Chefkonsole, mit von Braun bereits in Peenemünde eng verbunden, in Huntsville sein Stellvertreter und späterer Nachfolger.

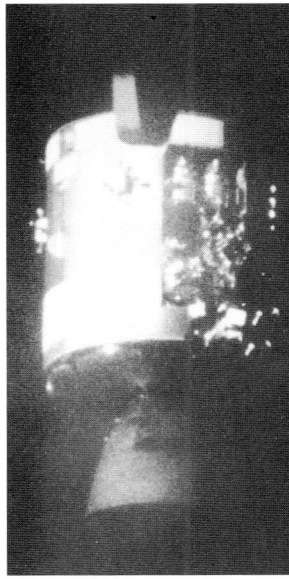

Das Service-Modul von *Apollo 13*: Die Spuren der schweren Explosion sind deutlich zu erkennen. Die Astronauten machten diese Aufnahme, nachdem der Versorgungsteil von der Kommandokapsel abgestoßen worden war

Apollo 13

Auch die Mission *Apollo 13*, gestartet am 11. April 1970, hat Geschichte gemacht. „Houston, wir haben ein Problem..." ist schon fast sprichwörtlich geworden. Die Explosion im Sauerstofftank der Service-Einheit zwei Tage nach dem Start, die eine gefährliche Situation für die Besatzung Lovell, Haise und Swigert heraufbeschwor, das Umfliegen des Erdtrabanten und der Einsatz der Landefähre als zeitweiliges „Rettungsboot": Alles das ist 25 Jahre nach dem Ereignis durch einen exzellenten Spielfilm aus Hollywood noch einmal der Öffentlichkeit in die Erinnerung zurückgebracht worden.

Apollo 13 zeigte, daß die NASA in einer Krisensituation rasch und besonnen reagieren konnte. Entscheidungswege und Verantwortlichkeiten waren klar geregelt. Die dem Missionsablauf zugrunde liegende Sicherheitsphilosophie hatte die Risiken so weit wie möglich auf ein Minimum reduziert. Eine Untersuchungskommission, geleitet von Langley-Direktor Edgar Cortright, kam in ihrem an 15. Juni 1970 vorgelegten Bericht zu einem Schluß, der nachträglich der mehrfach geäußerten Kritik an der Qualitätskontrolle der Hardware recht zu geben schien: „Die Explosion im Sauerstofftank Nr. 2 wurde durch eine ungewöhnliche Kombination von Fehlern verursacht, verbunden mit kaum verzeihlichen technischen Mängeln in der Ausführung."

Apollo-Projekt zu teuer?

Der Präsident, der die *Apollo-13*-Astronauten persönlich auf Hawaii begrüßte und auszeichnete, war aber inzwischen dabei, der Raumfahrt die Flügel zu stutzen. Bei der Beratung des NASA-Haushalts hatte er Paine mit einer Umfrage konfrontiert, wonach 56 Prozent der Amerikaner die Meinung teilten, daß das *Apollo*-Projekt zu teuer sei. Ein umfangreiches Nachfolge-Programm stehe nicht mehr zur Diskussion. Lediglich eine *Skylab*-Mission wurde zunächst genehmigt, und der NASA wurde nahegelegt, das Mondlandeprogramm zu verkürzen und zu strecken. Im März 1970 stimmte Nixon den reduzierten Vorschlägen der *Space Task Group* zu. Seine Haltung war in der Sprache vorsichtig, aber inhaltlich eindeutig:

„Mit der ganzen Zukunft und dem ganzen Universum vor uns (...) sollten wir nicht versuchen, alles auf einmal zu machen. Unser Herangehen an den Weltraum muß kühn sein, aber auch ausgewogen ... Wir müssen uns die Weltraumaktivitäten als einen kontinuierlichen Prozeß vorstellen (...) und nicht als eine Reihe separater Sprünge, die ein hohes Maß an Energie erfordern und in einem engen Zeitrahmen ausgeführt werden müssen."

Der Präsident definierte sechs Ziele für die Raumfahrt unter seiner Administration: Die verbleibenden *Apollo*-Missionen; *Skylab*; größere internationale Kooperation, und hier dachte man bereits an die UdSSR; Senkung der Kosten für den Raumflug (Shuttle-Studien); Beschleunigung der praktischen Anwendung der Raumfahrttechnologie und die unbemannte Erkundung der Planeten. Der Flug zum Mars tauchte nur als Langzeitperspektive auf: „Als ein großes, aber langfristiges Ziel sollten wir nicht aus den Augen verlieren, auch Menschen zum Mars zu schicken."

Die Realität

In der Rückschau erscheint Nixons Ansatz gerade vor dem Hintergrund der politischen Situation realistisch und durchaus zukunftsweisend. In den Jahren 1970/71 sah es jedoch anders aus. So erhielt die NASA für konkretere Shuttle-Studien keine Finanzmittel. Um das *Skylab*-Programm sinnvoll verwirklichen zu können, strich Paine zwei weitere Mondmissionen, so daß nun das Programm nicht wie vorgesehen mit Flug *20*, sondern mit *Apollo 17* enden würde. Der NASA-Chef wehrte sich hartnäckig gegen die Etatkürzungen. Im Weißen Haus empfand man Paine als Querulanten und stellte fest:

„Wir brauchen einen neuen Administrator, der diesen NASA-Größenwahn herunterschraubt... Jemand, der mit uns und nicht gegen uns arbeitet (...) und der das Programm so gestaltet und verkauft, daß es Vertrauen und nicht Verwirrung hinsichtlich der Politik des Präsidenten reflektiert."

Thomas Paine zog die Konsequenzen und nahm am 15. September 1970 seinen Hut. Freimütig gab er später zu, daß auch persönliche Motive für diesen Entschluß maßgebend waren. Mit einem relativ bescheidenen Beamtengehalt lebte die Familie Paine mit ihren vier Kindern, bezogen auf ihre gesellschaftliche Stellung, kaum auf großem Fuße. In der freien Wirtschaft ließ sich wesentlich mehr verdienen.

George Low übernahm automatisch die Amtsgeschäfte der NASA, bis am 27. April 1971 der von Nixon berufene Physiker James C. Fletcher in die Chefetage der Weltraumbehörde einzog.

Inzwischen war das *Apollo*-Programm mit der Mission Nr. 14 am 31. Januar 1971 wieder angelaufen. Vor der Landung von Shepard und Mitchell wurde die letzte Raketenstufe, die *S-IVB* auf Crash-Kurs zum Mond gebracht, wodurch beim Einschlag ein starkes Beben, entsprechend der Explosion von 11 t TNT, ausgelöst und von der *Apollo-12*-ALSEP-Station registriert wurde. Nach der Landung am 5. Februar im Frau-Mauro-Hochland sammelten die Astronauten Gesteinsproben mit einem mit Muskelkraft angetriebenem Räderfahrzeug. Vor der Rückkehr zum Mutterschiff, das von Stuart Roosa geführt wurde, stellten Shepard und Mitchell eine weitere ALSEP-Station auf.

George Low und Werner von Braun verfolgen die Vorbereitungen für den Start von *Apollo 14*

Eine neue Weichenstellung in der UdSSR

Luna 16 und *17*

Die Sowjetunion hatte inzwischen ihre Ambitionen hinsichtlich eines bemannten Mondfluges zu den Akten gelegt, aber die Technik der automatischen Gesteinsentnahme und Rückführung zur Erde nicht aus den Augen verloren. Am 12. September 1970 war *Luna 16* gestartet und am 20. September weich gelandet. Mit einem automatischen Bohrsystem wurde eine 35 cm lange und 101 g schwere Bodenprobe entnommen. Nach dem Rückstart vom Erdtrabanten ging die Kapsel am 24. September 1970 in der UdSSR nieder. Vier weitere Flüge dieser Art gab es, zwei davon scheiterten. Insgesamt gelangten auf diese Weise 320 g Mondmaterial in die sowjetischen Labors. Mit *Apollo* konnten knapp 385 kg Gestein von sechs verschiedenen Landeplätzen „handverlesen" gewonnen werden.

Im November 1970 folgte dann mit *Luna 17* eine weitere technologische Spitzenleistung: das automatische Fahrzeug *Lunochod*, primär entwickelt für den Einsatz im bemannten Mondprogramm. Ein zweites Gefährt dieser Art wurde dann im November 1973 abgesetzt.

Tod nach Rekordaufenthalt

Für Aufregung bei der NASA sorgte aber ein anderes Unternehmen: Der Start der Raumstation *Saljut 1*, der die Umorientierung Moskaus auf Langzeitmissionen im Erdorbit ankündigte. Zwar war bei der NASA die Entwicklung von *Skylab* bereits angelaufen, doch konnte sich diese sowjetische Erstleistung möglicherweise negativ auf den schrumpfenden Etat der Weltraumbehörde auswirken. Der Tod der drei Kosmonauten Dobrowolski, Wolkow und Patsajew am 30. Juni 1971 nach ihrem Rekordaufenthalt von 23 Tagen in der Station schockierte auch die Weltraumbehörde. Allerdings erkannte man sehr schnell, daß hier nicht die Dauer der Schwerelosigkeit oder andere bisher unentdeckte Faktoren für die Katastrophe verantwortlich waren, sondern sträflicher Leichtsinn und technische Schlamperei.

Die letzten *Apollo*-Missionen

Das Mondlandeprogramm hatte inzwischen eine Steigerung erfahren. Mit dem Start von *Apollo 15* am 26. Juli 1971 kam die sogenannte J-Serie zum Einsatz. Der „Lunar Rover", das Mondauto, mobilisierte wieder das schon erlahmende Interesse der Fernsehzuschauer. Die Zahl der Oberflächen-Exkursionen nahm zu. Subsatelliten wurden aus den Mutterschiffen ausgesetzt. Während der Rückflüge zur Erde unternahmen ihre Piloten zur Bergung von Filmkassetten Weltraumausstiege.

Mit der letzten Mission, *Apollo 17*, gestartet am 7. Dezember 1972, gelangte mit Harrison Schmitt erstmals ein Geologe auf den Mond. Gemeinsam mit Cernan absolvierte er das umfangreichste Arbeitsprogramm auf der Oberfläche des Erdtrabanten. Auch das von Ronald Evans geführte Mutterschiff war mit zusätzlichem Forschungsgerät in der Instrumentenbucht bestückt. Cernan war der letzte Erdenbürger auf dem Mond. An der Landestufe von *Apollo 17* ist eine Plakette angebracht: „Hier beendete der Mensch seine erste Erkundung des Mondes. Dezember 1972 A.D. Möge sich der Geist des Friedens, in dem wir kamen, im Leben der ganzen Menschheit widerspiegeln."

Die fünf ALSEP-Meßstationen lieferten noch über Jahre hinweg Langzeitdaten zur Seismologie, zu den Strahlungsverhältnissen und anderen Parametern. Am 30. Juni 1977 entschloß sich die NASA, aus Kostengründen – jährlich eine Million Dollar – die Stationen abzuschalten. Zu diesem Zeitpunkt waren noch alle Seismometer und die Wärmeflußsensoren von *Apollo 16* und *17* in Betrieb. Viele der Einzelexperimente hatte man schon früher stillgelegt. Ruhe war wieder auf dem Erdtrabanten eingekehrt.

Apollo – die Ausbeute

Schon während der Mondflüge war es vielfach zur Gewohnheit geworden, den Erfolg des Programms auf die technischen und organisatorischen Aspekte zu reduzieren. Wissenschaftlich, so wurde herumgenörgelt, hätten die Landungen wenig gebracht. Man hätte sich Zeit lassen und regelmäßig Forscher mit auf den Erdtrabanten neh-

Der *Lunar Rover*, das Mondauto, fährt hier während der Mission *Apollo 16* mit 18 km/h über die Oberfläche des Erdtrabanten

men sollen. Der Abstand zwischen den einzelnen Flügen von drei bis vier Monaten sei viel zu kurz gewesen, um optimal disponieren zu können, speziell hinsichtlich der folgenden Landeplätze. Dabei wurde übersehen, daß schon allein aus Kostengründen das Projekt nicht beliebig zu dehnen war. Die Bodenteams mußten zusammengehalten werden, die für einzelne Systeme zuständigen Firmen ständig für *Apollo* präsent sein. Jeder Monat *Apollo*-Projekt – mit oder ohne Start – bedeutete feste Kosten um zehn Millionen Dollar. Tatsache ist, daß das Programm auch wissenschaftlich Maßstäbe gesetzt hat.

Nicht unerwähnt bleiben soll die internationale Beteiligung im Rahmen der Mondmissionen. So gingen zum Beispiel Gesteins- und Bodenproben an 189 Wissenschaftler, die meist an der Spitze größerer Teams standen, 59 davon waren außerhalb der Vereinigten Staaten beheimatet.

Wissenschaftliche Maßstäbe des *Apollo*-Programms

Eine Aufstellung von Paul Lowman vom *Goddard Space Flight Center*:
– Geologische und geophysikalische Exploration vor Ort an sechs Landestellen.
– Rückführung von 385 kg Gestein und Bodenproben von sechs Landestellen.
– Aufbau von sechs geophysikalischen Meßstationen mit Geräten für Seismologie, Wärmefluß, Bodeneigenschaften, lokale Felder und andere Phänomene.
– Fernerkundung aus dem Mondorbit zur Geologie des Trabanten. Daten über Magnetfelder, Gasemission, Topographie, Strukturen unter der Oberfläche und andere Eigenschaften.
– Ausgedehnte Fotografie des Mondes mit Panorama-, Mulitspektral- und Handkameras sowie metrischen Kameras im Rahmen von insgesamt neun Missionen, darunter sechs Lande-Unternehmen.
– Ausführliche visuelle Beobachtungen aus dem Mondorbit.
– Inspektion von *Surveyor 3* und Zurückführung von Bauteilen zur Untersuchung der Einwirkungen von 31 Monaten Mondmilieu.
– Ausgedehnte Fotografie der Erde aus dem Orbit mit Multispektral- und Handkameras zur Überprüfung des Landsat-Konzepts zur Erderkundung.
– Aufbau von Laser-Retroreflektoren an verschiedenen Stellen der Mondoberfläche, die Entfernungsbestimmungen mit der Genauigkeit von einigen Zentimetern ermöglichen.
– Einsatz des ersten Teleskops auf dem Mond, mit dem UV-Aufnahmen der Erde und anderer kosmischer Objekte erhalten wurden.
– „Einsammeln" von Sonnenwind-Teilchen mit auf der Oberfläche plazierten Aluminiumfolien.
– Himmelsfotografie aus dem Mondorbit.
– Untersuchungen zur kosmischen Strahlung auf der Mondoberfläche, im Orbit und im Raum zwischen Erde und Mond.

Von Braun verläßt die NASA

Noch vor dem letzten Mondflug war es bei der NASA zu einer einschneidenden personellen Veränderung gekommen. Wernher von Braun hatte zum 30. Juni 1972 die Weltraumbehörde verlassen und war als Vizepräsident der Abteilung für Ingenieurwesen und Entwicklung zu *Fairchild Industries* (Germantown, Maryland) gewechselt. Mit

Optimismus hatte er zunächst das Planungsbüro in Washington übernommen und gehofft, mit Thomas Paine und George Low doch noch
etwas bewegen zu können. Vielleicht erlaubte gerade die sich abzeich-
nende Beschneidung der bemannten Programme eine Möglichkeit,
größere wissenschaftliche Weltraumprojekte auf den Weg zu bringen.
Paine schied jedoch, wie bereits erwähnt, im Herbst 1970 aus.

Entfremdung

Nixon ließ sich mit der Berufung
eines Nachfolgers Zeit. George
Low, ohne Zweifel auch eine der eindrucksvollsten Figuren bei der
NASA, führte inzwischen als „acting administrator" die Geschäfte.
Das war und ist eine komplexe Position: Man will dem zukünftigen
Mann an der Spitze nicht vorgreifen, andererseits bietet sich die
Chance, selbst noch stärker an Profil zu gewinnen. Low, von Natur ein
„Einzelkämpfer" und wenig risikofreudig, versuchte in dieser kriti-
schen Zeit, das „Schiff" NASA durch stürmisches Wasser zu führen.
Großartige Pläne und Projekte schienen ihm dabei nur hinderlich.
Sein Interesse galt dem „Spatz in der Hand", dem Shuttle, den er
unbedingt auf den Weg bringen wollte. Von Braun mit seinen „Tauben
auf dem Dach" störte da nur. So kam es zu einer Entfremdung der
beiden Experten, die soviel für das *Apollo*-Projekt getan hatten. Jim
Fletcher, der am 26. Juni 1971 sein Amt antrat, konzentrierte sich
sofort darauf, die Budget-Vorgaben der Nixon-Administration in die
Tat umzusetzen. Das hieß kürzen, zusammenstreichen... Wie Low, der
nun wieder seinen alten Stellvertreterposten übernahm, sah auch Fletcher den Shuttle als einziges realistisches Zukunftsprojekt, das man
auf kleiner Flamme kochen lassen konnte.

Was war das eigentlich, der „Shuttle"?

Ein wiederverwendbares System
sollte es sein. Die Vorschläge jag-
ten sich, und in der zweiten
Hälfte 1971 war die Situation völlig verworren. Alles schaltete sich in
die Diskussion ein: die Haushälter, die Militärs, die Präsidentenberater... Zum Teil boten ihre Büros eigene Konstruktionsstudien an.
Eine außenstehende Firma mußte Analysen über die Wirtschaftlichkeit der einzelnen Konzepte erstellen. Die NASA machte in diesen
Chaos nicht die beste Figur. Fletcher schaffte es gerade noch, der

Weltraumbehörde konstruktive Optionen offenzuhalten, und konnte so den Versuch abwehren, eine „Billigversion" der „Bürokraten" akzeptieren zu müssen. Der komplexe Entscheidungsprozeß für den Shuttle ist ein Kapitel für sich und dazu ein spannendes, in dem am wenigsten technische Argumente eine Rolle gespielt haben, sondern überwiegend finanzielle und politische Überlegungen. Am 5. Januar 1972 gab Nixon die Entscheidung für den Bau des Spaceshuttles bekannt: „Die Vereinigten Staaten sollten umgehend (...) dieses völlig neuartige Weltraum-Transportsystem entwickeln." 5,5 Milliarden Dollar waren für das Projekt dieses allerdings nur partiell wiederverwendbaren Systems veranschlagt. Wie wenig technikfreundlich damals die Stimmung war, macht die Tatsache deutlich, daß zweimal im Kongreß versucht wurde, das Vorhaben zu kippen.

Schwerer Abschied

Für die Ideen und Konzepte eines Wernher von Braun war in dieser Umbruchsphase kein Platz. Er beteiligte sich zwar noch etwas an der Shuttle-Diskussion, aber die Chemie zwischen ihm und der Spitze Fletcher/Low stimmte nicht mehr. Schweren Herzens quittierte er den Dienst bei der NASA.

Skylab und *Apollo-Sojus*

Ein voll ausgestattetes Himmelslabor

Von Brauns letztes „Kind", die Raumstation *Skylab,* hat eine längere Vorgeschichte und geht auf Projektstudien zur Nutzanwendung leergebrannter Raketenstufen im Orbit zurück, die 1965 in Huntsville entstanden. 1966 nahm ein Vorschlag konkrete Formen an, der vorsah, eine *Saturn-IVB*-Oberstufe am Boden „trocken" zu instrumentieren und einzurichten. Dabei fiel der schwere Raketenmotor mit seinen Pumpen, Ventilen und Leitungssystemen weg. Dennoch wurde das voll ausgestattete Himmelslabor, es bot der Besatzung ein Arbeitsvolumen von 295 Kubikmeter, so schwer, daß als Trägerrakete nur die *Saturn V* in Frage kam. Ihre beiden ersten Stufen reichten aus, um die 85 t Masse in eine 435 km hohe Kreisbahn zu bringen. Ein wichtiges Element war der Kopplungsadapter, der einer *Apollo*-Kapsel das Anlegen an *Skylab* ermöglichte. Zwischen dem Adapter und der Kabine lag eine zylinderförmige Luftschleuse, die nicht nur den Durchstieg der Astronauten nach dem Ankoppeln ermöglichte, sondern auch den Ausstieg durch eine seitliche Luke bei Außenbord-Aktivitäten.

Ein besonderes Kennzeichen von *Skylab* war das 10 t schwere Sonnenobservatorium. Seine Installation setzte voraus, daß der Koloß in seiner Raumlage präzise steuer- und ausrichtbar war. Am 14. Mai 1973 wurde *Skylab* unbemannt auf die Umlaufbahn gebracht. Fast sah es so aus, als ob das Projekt schon in der allerersten Phase gescheitert war: Ein Meteoriten-Schutzschild und – was noch sehr viel schwerwiegender war – eine der beiden Solarzellenflächen waren abgerissen. Aerodynamiker in Huntsville hatten diese Problematik vorausgesehen. Ihre Warnungen wurden jedoch ignoriert.

Langzeitrekord

Der neue Mann an der Spitze des *Marshall Space Flight Center*, Rocco Petrone, organisierte sofort ein Reparaturprogramm. 11 Täge später startete die erste Besatzung, Conrad, Kerwin und Weitz, mit einer *Saturn IB* zur angeschlagenen Raumstation. In einer exzellent ausgeführten Reparaturaktion wurde *Skylab* einsatzfähig gemacht. Zwei weitere Mannschaften folgten. Das letzte Team, Carr, Gibson und Pogue, stellte nach seinem Start am 16. November 1973 mit 84 Tagen Aufenthalt einen neuen Langzeitrekord auf.

Interessante Entdeckungen

Die wissenschaftliche Ausbeute von *Skylab* war ungewöhnlich hoch. Vor allem haben die Sonnenbeobachtungen unsere Kenntnisse über das Tagesgestirn geradezu revolutioniert. Diverse Instrumente wie Kameras, Multispektralscanner, Radiometer und ein Radar-Höhenmesser lieferten neue Informationen über die Erde. Eine der interessantesten Entdeckungen war die Feststellung, daß die Höhensondierung der Ozeanoberflächen die Topographie des Meeresbodens erkennen läßt. Aufgrund dieser Erkenntnisse wurde eine Reihe von Radarsatelliten für geodätische und ozeanographische Untersuchungen gestartet.

Die Besatzungen haben – und das erinnert sehr stark an das

gegenwartsnähere Geschehen in der russischen *Mir*-Station – umfangreiche Reparatur- und Wartungsarbeiten ausgeführt. Erinnert werden sollte daran, daß *Skylab* seinen „Bewohnern" sehr viel mehr Platz geboten hatte als später die sowjetischen *Saljut*-Stationen ihren Kosmonauten.

Das Ende von *Skylab*

Der Vorrat an *Apollo*-Hardware war nun fast erschöpft. Die amerikanisch-sowjetische Mission *Apollo-Sojus* warf ihre Schatten voraus. *Skylab* wurde von der letzten Besatzung „konserviert". Die Optimisten bei der NASA rechneten damit, daß in naher Zukunft eine Raumfähre die Station anfliegen und wieder aktivieren könnte. Eine wenig realistische Vorstellung: Der Einsatz des Shuttles verzögerte sich bis zum Jahre 1981, wobei ein Kopplungssystem für *Skylab* in der Prioritätenliste unter ferner liefen stand. Die Sonne enthob die NASA

Amerikas erste Raumstation, *Skylab*

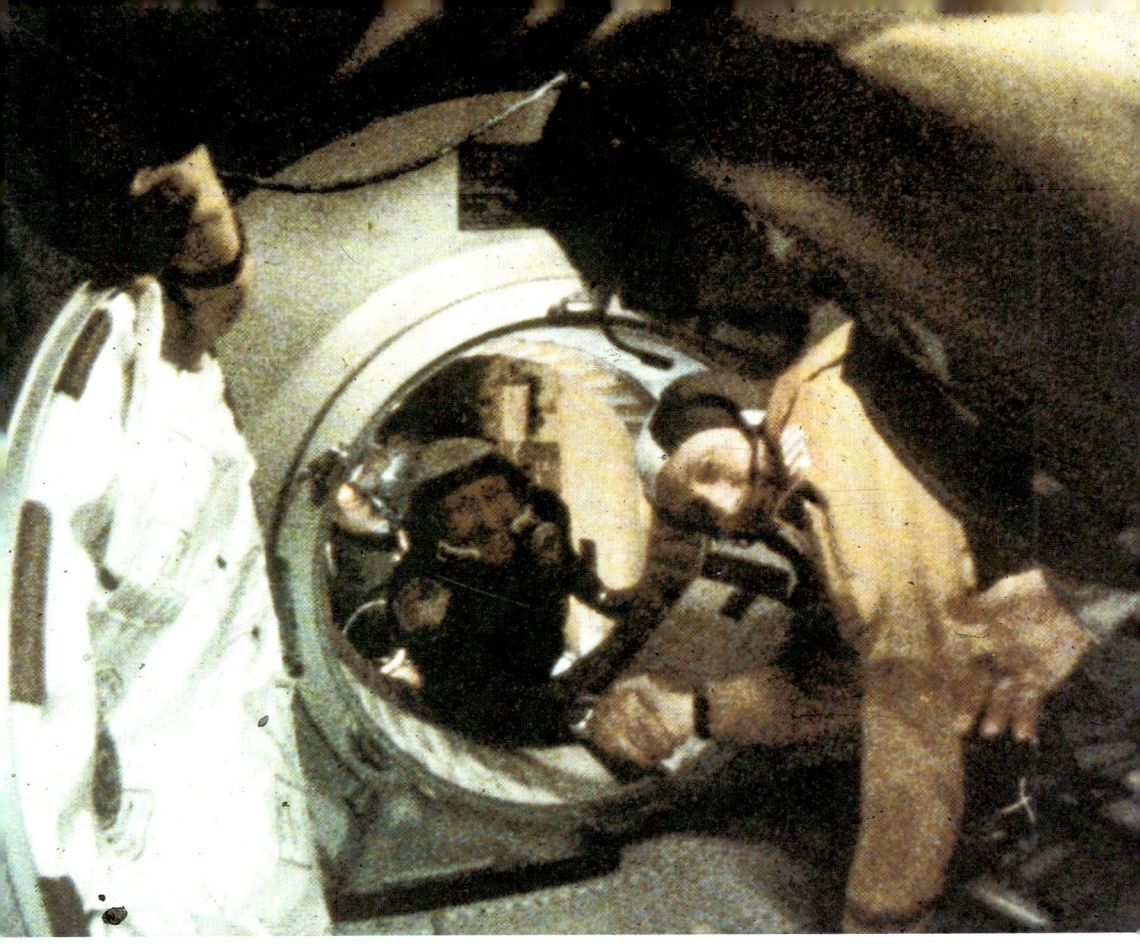

aller Planungssorgen. Ihre starke Aktivität beschleunigte die Abbremsung der Station in der Hochatmosphäre so kräftig, daß *Skylab* am 11. Juli 1979 über Australien seine Existenz beendete. Ein Bruchteil der Station verglühte. Mehrere Tonnen Material gingen in entlegenen Gebieten des Kontinents nieder.

Apollo-Sojus: das erste amerikanisch-sowjetische Rendezvous im Orbit

Rocco Petrone

In der Geburtsstätte der Station, im *Marshall Space Flight Center*, hatte sich vieles verändert. Von-Braun-Nachfolger Eberhard Rees war im Januar 1973 überraschend zurückgetreten. Er steuerte zwar auf das Pensionsalter zu, doch hatte es damit noch etwas Zeit. Ein neuer Mann war bereits im Aufbau, in Washington hatte man sich aber für

Sollte das *Marshall Space Flight Center* „amerikanisiert" werden?

Stuhlinger und Ordway merken zum Stellenabbau der NASA in ihrer Von-Braun-Biographie an:

„Es zeigte sich bald, daß die meisten der ehemaligen Deutschen von diesem Abbau betroffen waren. Sie sollten entweder entlassen werden oder zwischen vorzeitigem Ruhestand und drastischer Zurückstufung wählen dürfen. Offenbar hatte Petrone Anweisungen vom Hauptquartier erhalten, das Center zu ‚amerikanisieren'. Er führte diese Aufgabe aus wie einen militärischen Befehl. Als Petrone nach weniger als einem Jahr seinen Direktorenposten wieder verließ, arbeiteten nur noch sehr wenige der ehemaligen Deutschen am Center, und diese wenigen hatten, mit ein oder zwei Ausnahmen, keine verantwortlichen Positionen inne."

Rocco Petrone entschieden. Der Sohn italienischer Einwanderer war seit 1952 im Raketengeschäft. Seine Karriere begann am Cape, wo er mit dem Bau von Startanlagen befaßt war, zuletzt mit der Einrichtung für das *Apollo-Saturn*-Programm. Petrone war extrem belastbar und forderte das auch von seinen Mitarbeitern. Von „Leuteschinder" bis „Il Duce" reichte die Palette seiner Spitznamen. Sein erfolgreicher Einstieg mit *Skylab* ließ für die Zukunft des Centers hoffen. Doch genau das Gegenteil trat ein. Die NASA hatte vor, hier über tausend Stellen zu streichen und sich von 2000 Kontraktoren zu trennen.

Ein Erfolg mit Langzeitwirkung

Zum letzten Mal stieg eine Rakete aus der *Saturn*-Familie am 15. Juli 1975 in den Himmel. Sie beförderte drei Astronauten – Tom Stafford, Vance Brand und Donald Slayton – auf eine historische Mission, zu einer Kopplung mit einem sowjetischen *Sojus*-Raumschiff, das bereits mit den Kosmonauten Alexei Leonow und Waleri Kubasow im Orbit war. Am 24. Mai 1972 hatten Richard Nixon und Alexei Kossygin in Moskau ein Abkommen über die Zusammenarbeit im Weltraum unterzeichnet. Es dauerte seine Zeit, bis die ideologisch und technisch so unterschiedlichen Partner auf der Arbeitsebene zusammenfanden. Die Mission, in der allein die *Apollo*-Mannschaft 28 Experimente, davon fünf gemeinsam mit ihren sowjetischen Kollegen, abwickelte, war in jeder Hinsicht ein Erfolg – ein Erfolg mit Langzeitwirkung. Der Mann jedoch, der nicht nur praktisch den Vietnamkrieg beendet und eine neue Politik in Richtung UdSSR eingeleitet hatte, war von der Bildfläche verschwunden. Nixon hatte nach der Watergate-Affäre am 9. August 1974 als erster amerikanischer Präsident sein Amt niedergelegt.

Die Kosten

Fünf Programme kann man unter der Rubrik *Apollo* zusammenfassen: *Lunar Orbiter* für die Auswahl der Landeplätze; *Gemini* zur Vorbereitung des Mondfluges selbst; *Apollo*, *Skylab* und *Apollo-Sojus*. Insgesamt haben sie etwa 30 Milliarden Dollar gekostet, und das verteilt über einen Zeitraum von 14 Jahren. Das entspricht der Hälfte der Summe, die die USA 1975 in ihrem Ministerium für Gesundheit, Erziehung und Soziales ausgegeben haben. Dieser Zahlenvergleich macht deutlich, wie unreflektiert es war und ist, von einem extrem teuren Programm zu sprechen, dessen Mittel besser in das Sozialwesen geflossen wären. Noch eindrucksvoller zeigt sich die Unkenntnis, aus dem dieses Argument gespeist wird, wenn man parallel dazu die Etats des Verteidigungsministeriums betrachtet. Daneben nahmen sich die Ausgaben für die zivile Raumfahrt, um ein modernes Schlagwort zu gebrauchen, wie „Peanuts" aus.

Die Schatten der Zukunft

Die mageren Jahre

In der Amtszeit Gerald Fords (1974–1976) konnte die NASA zwar nach außen Triumphe feiern, doch es waren meist Projekte, die schon lange vorher geplant waren: der Vorbeiflug von *Pioneer 11* an Jupiter; *Apollo-Sojus; GEOS-1*, der erste geostationäre Wettersatellit; die Landung der beiden *Viking*-Sonden auf dem Mars.

Abgelöst wurde der Republikaner Ford vom demokratischen Kandidaten Jimmy Carter, der den erklärten Raumfahrtgegner Walter Mondale als Vizepräsidenten mit ins Amt brachte. Robert Frosch wurde neuer NASA-Chef, ein besonnener Physiker, der umfangreiche Erfahrungen im Wissenschaftsmanagement mitbrachte. Ihm gelang es, die NASA vor noch tieferen Einschnitten in ihren Etat zu bewahren. Carter ließ mit Hilfe des Nationalen Sicherheitsrats die Raumfahrtpolitik kritisch durchleuchten. Er hatte angekündigt, der NASA eine neue Richtung und schlüssige Ziele zu geben. Was jedoch im Oktober 1978 dabei herauskam, waren kaum mehr als diffuse Absichtserklärungen. So hieß es zur Raumfahrt: „Sie solle zu einem ausgewogenen Programm von Anwendungen, Wissenschaft und Technologieentwicklung führen, um den Nutzen der eingesetzten Ressourcen durch bessere Integration und Technologieaustausch unter den einzelnen Raumfahrtvorhaben zu verstärken."

Die „große Tour"?

In die Zeit der Carter-Administration fielen die Vorbeiflüge der beiden *Voyager*-Sonden an Jupiter (1979) und Saturn (*Voyager 1*,

1980). Das Projekt war der Rest jenes umfangreichen Vorhabens, das in der Nixonschen Absichtserklärung unter interplanetaren Missionen als Grand Tour, „große Tour", aufgeführt war. 1975 hatte Garry Flandro, ein Student am CalTech, berechnet, daß zwischen 1975 und 1979 die äußeren Planeten Jupiter, Saturn, Uranus, Neptun und Pluto in ihren Bahnen so optimal zueinander standen, daß alle fünf Objekte mit einer einzigen Raumsonde in relativ kurzer Zeit anzufliegen wären. Ausgenutzt würde dabei die sogenannte „Gravitationsunterstützung" durch die einzelnen Planeten, eine Art kosmisches Billard. Eine solche günstige Konstellation bietet sich nur alle 179 Jahre. Wenn man sich nur auf die vier großen Planeten, von Jupiter zu Neptun, beschränkte, würde die Reisezeit neun Jahre betragen. Das Projekt „Große Tour" ist auch ein Modellfall, wie ein NASA-Unternehmen mit großem technologischen Anspruch während der Nixon-Ära finanziell ausgetrocknet und inhaltlich zerredet wurde. Auch hier operierte die Führungsspitze der Raumfahrtbehörde nicht sonderlich geschickt. Es muß als Glücksfall angesehen werden, daß es dennoch gelang, mit der Minimalversion, *Voyager*, die Chance nicht zu verpassen und eine komplette Inspektionstour bis zum Neptun durchzuführen. Höchstes Lob ist hier dem JPL zu zollen, das sich im Laufe der Jahre zum kompetentesten Zentrum für interplanetare Missionen entwickelt hatte.

Bilanzen

Am 1. Oktober 1983 feierte die NASA ihr 25jähriges Jubiläum. Viel war in der Zwischenzeit geschehen. Seit dem 12. April 1981 flog der Shuttle. Die Erkundung des Sonnensystems mit Hilfe der Sonden vom Typ *Mariner, Pioneer, Viking* und *Voyager* war weit vorangeschritten. Große astronomische Weltraum-Observatorien, die den Kosmos in allen Bereichen des elektromagnetischen Spektrums untersuchten, befanden sich in der Planung bzw. im Bau.

Anwendungssatelliten, von der Meteorologie bis hin zur Erderkundung, waren etabliert. Ihre Nutzung übernahmen, nachdem sie das Routinestadium erreicht hatten, spezielle Organisationen. Die internationale Zusammenarbeit auf wissenschaftlicher und technischer

Ebene war stark gewachsen. Dienstleistungen, zum Beispiel der Start fremder Satelliten, gehörten längst zum Alltag.

Auch das erste A in der Abkürzung NASA – Aeronautics – konnte eine erfolgreiche Bilanz vor allem im Bereich Forschung und Entwicklung vorweisen. Stolz verwies die Weltraumbehörde auch auf die breite Palette der Nutzanwendungen, die sich aus ihren Programmen ergab: Medizin, Transportwesen, Energie und Umwelt, öffentliche Sicherheit waren hier als wesentliche Bereiche hervorzuheben. Zahlreiche Produkte, die aus unserem Alltag nicht mehr wegzudenken sind, resultieren letztlich aus NASA-Entwicklungen.

Und auch ein großes Ziel konnte die Weltraumbehörde wieder anvisieren: Präsident Ronald Reagan hatte grünes Licht für den Bau der großen Raumstation *Freedom* gegeben, an der sich Kanadier, Europäer und Japaner beteiligen sollten. James Beggs, der neue Chef der NASA, konnte daher durchaus Optimismus verbreiten.

Die *Challenger*-Katastrophe

Mitten in ihrem neuen Höhenflug wurde die Weltraumbehörde von einem Rückschlag getroffen, der ein grelles Schlaglicht auf ihr Innenleben warf. Es war der 25. Flug eines Shuttles, eigentlich kaum mehr als Routine. Das Interesse der Raumfahrtexperten konzentrierte sich am 28. Januar 1986 mehr nach Pasadena, wo im JPL der Vorbeiflug von *Voyager 2* am Uranus verfolgt wurde.

Der zehnte und letzte Flug

Der *Challenger*flug mit der offiziellen Bzeichnung *51-L* war bereits mehrfach verschoben worden. Nur die Tatsache, daß erstmals eine Lehrerin mit auf die Reise gehen sollte, machte das Unternehmen für die Öffentlichkeit etwas interessanter. Es war klares und kaltes Wetter angesagt worden. Überraschend jedoch kam es in der Nacht in Florida zu einem Temperatursturz. Am Cape bot sich ein ungewöhnliches Bild: riesige Eiszapfen an den Versorgungsstrukturen, der Startrampe und an den Verbindungen des großen Tanks mit der Raumfähre. Kaum jemand dachte ernsthaft daran, daß die NASA den Countdown weiterlaufen lassen würde.

Dennoch nahm die Besatzung, Kommandant Francis Scobee, Pilot Michael Smith, die Missionsspezialisten Ellison Onizuka, Judith Resnik, Ronald McNair sowie die Nutzlastpezialisten Christa McAuliffe und Gregory Jarvis, in der *Challenger* ihre Plätze ein.

Nach zwei Verschiebungen kam um 11.20 Uhr Ortszeit völlig unerwartet die Mitteilung, daß das Eis nun kein Problem mehr sei und der Start um 11.38 Uhr erfolgen werde. Auf die Sekunde genau hob die *Challenger* zu ihrem zehnten und letzten Flug ab. 73,2 Sekunden nach dem Start wurde der Shuttle plötzlich in eine weiße Wolke eingehüllt, die sich explosionsartig ausbreitete. Die Flughöhe betrug zu diesem Zeitpunkt 13 940 m. Lange brauchte die NASA, um sich zum Geschehen zu äußern. Die Videoaufzeichnung des Starts ließ durch Einzelbildschaltung rasch erkennen, daß die Ursache der Katastrophe aus der rechten Feststoffrakete gekommen war. Eine seitlich austretende, immer größer werdende Flamme wie aus einem Schweißbrenner fraß sich in den großen Tank, der mit Flüssigwasserstoff/-sauerstoff gefüllt war.

Eine defekte Dichtung ...

Die von Präsident Reagan am 3. Februar 1986 eingesetzte Untersuchungskommission förderte ein bis dahin bei der NASA für unmöglich gehaltenes Maß an technischer Schlamperei und menschlichem Versagen zutage. Schnell wurde erkannt, daß es eine defekte Dichtung in der rechten Feststoffrakete war, die zur Explosion geführt hatte. Die potentielle Gefahrenquelle war bekannt, doch letztlich ignoriert worden. Bei den niedrigen Temperaturen am Starttag funktionierte auch die Dichtungsmasse nicht mehr zuverlässig. Die *Challenger* hätte am Boden bleiben müssen. Entsprechende Empfehlungen der Ingenieure wurden vom mittleren NASA-Management mißachtet, ohne die Zentrale in Washington über die Problematik zu informieren. Tiefgreifende technische Modifikationen an den Dichtungen der Feststoffraketen wurden vorgenommen, die Startkriterien rigoros verschärft, Entscheidungswege und Zuständigkeiten in der Weltraumbehörde neu geregelt.

Am 29. September 1988, 975 Tage nach der Katastrophe, startete wieder eine Raumfähre. Bis heute läuft der Flugbetrieb ohne Pannen. Im Zuge der Verschlankung der NASA ist die Abwicklung des Shuttle-

Betriebes in die Hände eines Industrie-Konsortiums, der *United Space Alliance,* gelegt worden. Ob hier langfristig Wirtschaftlichkeit zu Lasten der Sicherheit geht, muß die Zukunft zeigen.

Auf dem Weg ins nächste Jahrtausend

Offensichtlich hat sich die NASA wieder konsolidiert. Zwar ist aus der großen „Weltraum-Initiative" von Präsident Bush nicht viel geworden. Doch NASA-Chef Dan Goldin hat auch unter Bill Clinton vorsichtig den eingeschlagenen Erfolgskurs fortgesetzt. Unter der Devise „schneller, besser, billiger" ist mit der Abkehr von den „Dinosaurier-Missionen" die weitere Erkundung des Sonnensystems in ein neues Stadium getreten. Der Mars ist wieder zu einem interessanten Ziel geworden, nicht zuletzt durch die mögliche Entdeckung fossiler Lebensspuren in einem Meteoriten vom roten Planeten. Das *Galileo*-Unternehmen mit seinen aufregenden

Am 28. Januar 1986 explodiert die Raumfähre *Challenger.* Die sieben Besatzungsmitglieder kommen ums Leben

Das *Hubble*-Weltraumteleskop revolutioniert die Astronomie

Bildern vom Jupiter und seinen großen Monden, speziell von Europa, dürfte noch weitreichende Konsequenzen in Form neuer Programme haben. Das *Hubble*-Weltraumteleskop ist nach anfänglichen Schwierigkeiten dabei, mit seinen Informationen die Astronomie zu revolutionieren.

Die Raumstation ist internationalisiert worden und dürfte, trotz der Probleme mit dem „neuen" Partner Rußland, nach der Jahrtausendwende Realität werden. Heute sind Shuttle-Flüge zur Orbitalstation *MIR* und der Austausch von Raumfahrern fast alltäglich geworden. Kaum jemand hätte diese Entwicklung selbst nach der bahnbrechenden *Apollo-Sojus*-Mission vorausgesehen.

Raumfahrt heute ist international und auch kommerziell geworden. Die NASA wird sich sowohl mit der Entwicklung neuer Transportsysteme als auch mit der Ausweitung der Weltraumwissenschaften wieder an die Spitze setzen. Die Zeichen stehen gut. Ein neues Kapitel im NASA-Protokoll kann beginnen.

Die NASA wird gemeinsam mit Rußland, der ESA, Kanada und Japan die Internationale Raumstation realisieren. Sie dürfte frühestens im Jahre 2002 ihre endgültige Ausbaustufe erreicht haben

Quellen

Die NASA hat seit 1958 ihre Aktivitäten intensiv dokumentiert. Im Archiv des Verfassers befinden sich mehrere tausend dieser Unterlagen in Form von Informationen, Projektbeschreibungen, Ergebnisberichten und Zusammenfassungen in Buchform.

Im *Journal of the British Interplanetary Society* sind in den letzten Jahren in der Reihe *Pioneering Rocketry and Spaceflight* mehrere interessante Arbeiten zu Entscheidungsprozessen in der NASA sowie zu anderen „historischen" Raumfahrtthemen erschienen.

William E. Burrows: *Exploring Space* (1990)
J. D. Hunley: *The Birth of NASA – The Diary of T. Keith Glennan* (1993)
Henry Lambright: *Powering Apollo – James T. Webb of NASA* (1995)
Ernst Stuhlinger und Frederick Ordway: *Wernher von Braun – Aufbruch in den Weltraum* (1992)
Joseph J. Trento: *Prescription for Desaster* (1987)

Einige INTERNET-Adressen der NASA

NASA-Homepage:	http://www.nasa.gov/
Astronauten-Biographien:	http://www.jsc.nasa.gov/Bios
Jet Propulsion Laboratory:	http://www.jpl.nasa.gov/
Kennedy Space Center:	http://www.ksc.nasa.gov/ksc.html
Spaceshuttle:	http://shuttle.nasa.gov/
Johnson Space Center:	http://www.jsc.nasa.gov/pao
Apollo-Mondflüge:	http://venus.hq.nasa.gov/office/pao/History/alsj/

Register